高等教育"十三五"规划教材

3D打印实用教程

3D DAYIN SHIYONG JIAOCHENG

主编　芜湖林一电子科技有限公司

编著　王　刚　黄仲佳

时代出版传媒股份有限公司

安徽科学技术出版社

图书在版编目(CIP)数据

3D 打印实用教程 / 王刚,黄仲佳编著. --合肥:安徽科学技术出版社,2016.8
ISBN 978-7-5337-6978-9

Ⅰ.①3… Ⅱ.①王…②黄… Ⅲ.①立体印刷-印刷术-教材 Ⅳ.①TS853

中国版本图书馆 CIP 数据核字(2016)第 130780 号

3D 打印实用教程 王 刚 黄仲佳 编著

出 版 人:黄和平 选题策划:王 勇 责任编辑:王 勇
责任校对:刘 莉 责任印制:李伦洲 封面设计:朱 婧
出版发行:时代出版传媒股份有限公司 http://www.press-mart.com
安徽科学技术出版社 http://www.ahstp.net
(合肥市政务文化新区翡翠路 1118 号出版传媒广场,邮编:230071)
电话:(0551)63533323
印 制:安徽金日印刷有限公司 电话:(0551)65654069
(如发现印装质量问题,影响阅读,请与印刷厂商联系调换)

开本:787×1092 1/16 印张:9.5 字数:225 千
版次:2016 年 8 月第 1 版 2016 年 8 月第 1 次印刷

ISBN 978-7-5337-6978-9 定价:45.00 元

《3D打印实用教程》
编 委 会

主编：芜湖林一电子科技有限公司

编著：王　刚　黄仲佳

参编：刘明朗　邢　昌　刘俊松　吕月林

前　言

3D 打印技术又名增材制造技术，是以计算机三维设计模型为蓝本，通过软件分层离散和数控成型系统，利用激光束、热熔喷嘴等方式将金属粉末、陶瓷粉末、塑料、细胞组织等特殊材料进行逐层堆积黏结，最终叠加成型，制造出实体产品。随着工业技术的不断发展，个性化制造将成为未来的趋势，传统制造方法面临的挑战将会越来越大。在一些工艺复杂、性能要求高的领域，3D 打印技术充分展现了其成本低、周期短、质量高的优势，应用前景十分广阔。3D 打印技术应用涵盖产品设计、模具设计与制造、材料工程、医学研究、文化艺术、建筑工程等各个领域。3D 打印技术的推广应用是制造工艺的一次变革、制造技术的一次飞跃、制造模式的一次革命。从长远看，这项技术应用范围之广将超乎想象，最终将会给人们的生产和生活方式带来颠覆式的改变，正如著名的《经济学人》对 3D 打印技术的描述——这是一种新型的生产方式，能够促成第三次工业革命。

本书介绍了 3D 打印技术的应用领域、基本建模方法，FDM 型 3D 打印机的控制软件、操作方法，3D 打印后期处理方法等内容，并以实例详述了 3D 打印的整个过程及相关注意事项。本书在内容编排上以建模—打印—后期处理为主线，前后连贯，结构严谨。本书讲解清晰，语言通俗易懂，并配有丰富的实例，便于进行操作和学习，使读者能够轻松入手，快速掌握 3D 打印的基本流程和操作方法。

本书由安徽工程大学机械与汽车工程学院王刚、黄仲佳担任主编，安徽工程大学机械与汽车工程学院刘明朗、邢昌、刘俊松以及芜湖林一电子科技有限公司吕月林参与了编写。编写分工如下：王刚统稿并编写了第 2 章的 2.1 节和 2.2 节、第 4 章；黄仲佳编写了第 2 章的 2.3 节、2.4 节和 2.5 节、第 7 章；刘明朗编写了第 3 章；邢昌编写了第 1 章的 1.3 节、1.4 节和 1.5 节；刘俊松编写了第 1 章的 1.1 节和 1.2 节；吕月林编写了第 5 章和第 6 章。

本书在编写过程中得到了安徽省春谷 3D 打印智能装备产业技术研究院的大力支持，由芜湖林一电子科技有限公司提供设备图片和实训例子，也得到了许多专家和同仁的热情帮助，在此谨向他们表示衷心的感谢！

由于编者的水平和经验有限，书中难免有不当和疏漏之处，敬请广大读者批评指正。

编　者

CONTENTS 目录

第1章 3D打印技术概述

第2章 3D打印基本建模方法

3D打印工件的后期表面处理 第5章

第6章 3D打印及逆向三维数字建模实训

第1章　3D打印技术概述

1.1　3D打印介绍

1.1.1　3D打印原理与流程

3D打印技术，是以计算机三维设计模型为蓝本，通过软件分层离散和数控成型系统，利用激光束、热熔喷嘴等方式将金属粉末、陶瓷粉末、塑料、细胞组织等特殊材料进行逐层堆积黏结，最终叠加成型，制造出实体产品。与传统制造业通过模具、车铣等机械加工方式对原材料进行定型、切削为最终生产成品不同，3D打印将三维实体变为若干个二维平面，通过对材料处理并逐层叠加进行生产，大大降低了制造的复杂度。这种数字化制造模式不需要复杂的工艺、庞大的机床和众多的人力，直接从计算机图形数据中便可生成任何形状的零件。

我们日常生活中使用的普通打印机可以打印电脑设计的平面物品，而所谓的3D打印机与普通打印机工作原理基本相同，只是打印材料有些不同。普通打印机的打印材料是墨水和纸张，而3D打印机内装有金属、陶瓷、塑料、砂等不同的"打印材料"，是实实在在的原材料，打印机与电脑连接后，通过电脑控制可以把"打印材料"层层叠加起来，最终把电脑上的蓝图变成实物。通俗地说，3D打印机是可以"打印"出真实的3D物体的一种设备，比如打印一个机器人模型、玩具车、各种模型，甚至是食物等。之所以通俗地称其为"打印机"是参照了普通打印机的技术原理，因为分层加工的过程与喷墨打印十分相似。这项打印技术称为3D打印技术。

只需要一个想法，一些材料，一台3D打印机就可以把人脑中的一切想法转化成实体，它可以打印一辆车、一栋房子、一只胳膊，甚至一块猪肉。3D打印机的操作原理与传统打印机很多地方是相似的，它配有熔化的尼龙粉和卤素灯，允许使用者下载图案。与传统打印机不同的是，打印的不是纸而是粉末。打印时，它将设计品分为若干薄层，每次用原材料生成一个薄层，再通过逐层叠加"成型"。3D打印技术的神奇之处在于可以自动、快速、直接和精确地将电脑中的设计转化为模型，甚至直接制造零件或模具，不再需要传统的刀具、夹具和机床，就可以打造出任意形状，小型产品半天就可完成。

从3D打印的制作过程出发，可以划分为设计与打印两个阶段，如图1-1所示。在设计阶段，主要通过三维建模软件或者三维扫描仪进行设计。三维建模和可视化对物体最终的打印效果起着重要作用，可以在开放式设计理念下进行合作设计与创作；在打印阶段，3D打印机对三维模型进行逐层分切，通过读取文件中的横截面信息，对分切的每一个层

进行构建，将这些截面逐层打印出来，再将各层截面以各种方式黏合起来，从而制造出一个实体。

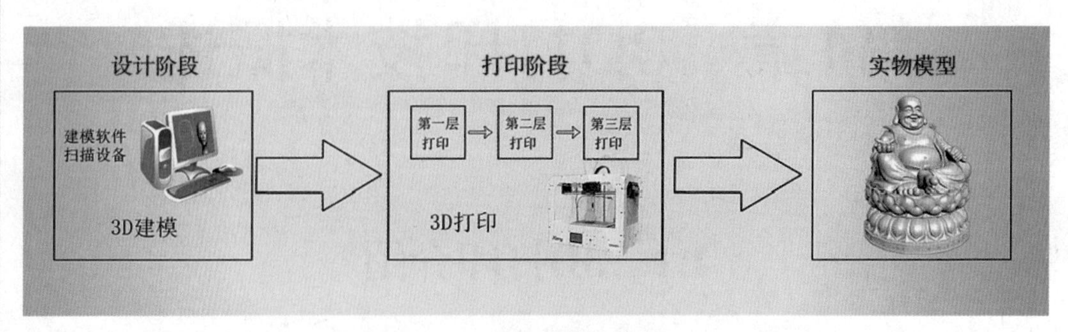

图1–1　3D打印基本流程

1.1.2　3D打印的历史与发展

3D打印并非是新鲜的技术，这个思想起源于19世纪末的美国，并在20世纪80年代得以发展和推广。早在1892年，J.E.Blanther在其专利中曾建议用分层制造法构成地形图。1902年，C.Baese的专利提出了用光敏聚合物制造塑料件的原理构造地形图。1904年，Perera提出了在硬纸板上切割轮廓线，然后将这些纸板黏结成三维地形图的方法。

20世纪50年代之后，出现了几百个有关3D打印的专利。80年代后期，3D制造技术有了根本性的发展，出现的专利更多，仅在1986—1998年间注册的美国专利就有24个。1986年Hull先生发明了光固化成型(SLA，Stereo lithography Appearance)，1988年Feygin发明了分层实体制造，1989年Deckard发展了粉末激光烧结技术 (SLS，Selective Laser Sintering)，1992年Crump发明了熔融沉积制造技术(FDM，Fused Deposition Modeling)，1993年Sachs先生在麻省理工大学发明了3D打印技术。1995年，麻省理工创造了“三维打印”一词，当时的毕业生J.Bredt和T.Anderson修改了喷墨打印机方案，变为把约束熔剂挤压到粉末床的解决方案，而不是把墨水挤压在纸张上的方案。

随着3D打印专利技术的不断发明，相应的用于生产的设备也被研发出来。最早的3D打印出现在上个世纪的80年代，1988年美国的3D Systems公司根据Hull的专利，生产出了第一台现代3D打印设备——SLA–250 (光固化成形机)，开创了3D打印技术发展的新纪元。在此后的10年中，3D打印技术蓬勃发展，涌现出十余种新工艺和相应的3D打印设备。科学家们表示，目前三维打印机的使用范围还很有限，不过在未来的某一天人们一定可以通过3D打印机打印出更实用的物品。

1.2 3D打印类型

1.2.1 熔融沉积成型

FDM是“Fused Deposition Modeling”的缩写形式，意为熔融沉积成型。熔融沉积成型(FDM)工艺的材料一般是热塑性材料，如蜡、ABS、PC、尼龙等。以丝状供料，材料在喷头内被加热熔化，喷头沿零件截面轮廓和填充轨迹运动，同时将熔化的材料挤出，材料迅速固化，并与周围的材料黏结，基本原理如图1-2所示。每一个层片都是在上一层上堆积而成，上一层对当前层起到定位和支撑的作用。随着高度的增加，层片轮廓的面积和形状都会发生变化，当形状发生较大的变化时，上层轮廓就不能给当前层提供充分的定位和支撑作用，这就需要设计一些辅助结构——“支撑”，对后续层提供定位和支撑，以保证成形过程的顺利实现。该类型的设备目前主要以桌面机为主，如图1-3所示，便于使用者个性化的创造。

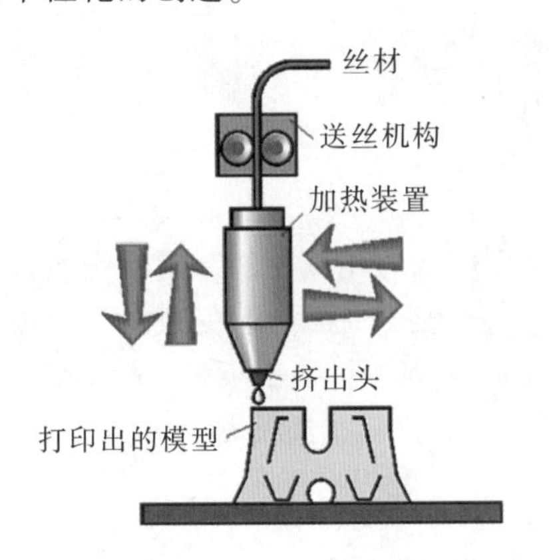

图1-2　FDM基本原理

图1-3　桌面级FDM设备外观

FDM工艺不用激光，使用、维护简单，成本较低。用蜡成形的零件原形，可以直接用于失蜡铸造。用ABS制造的原形因具有较高强度而在产品设计、测试与评估等方面得到广泛应用。近年来又开发出PC，PC/ABS，PPSF等更高强度的成型材料，使得该工艺有可能直接制造功能性零件。由于这种工艺具有一些显著优点，发展极为迅速，目前FDM系统在全球已安装快速成型系统中的份额大约为30%。

FDM打印技术具有以下优点：

(1)快速塑料零件制造。材料性能一直是FDM工艺的主要优点，其ABS原形强度可以达到注塑零件的1/3。近年来又发展出PC、PC/ABS、PPSF等材料，强度已经接近或超过普通注塑零件，可在某些特定场合(试用、维修、暂时替换等)下直接使用。虽然直接金属零件成型(近年来许多研究机构和公司都在进行这方面的研究，是当今快速原形领域的一个研究热点)的材料性能更好，但在塑料零件领域，FDM工艺是一种非常适宜的快速制造方式。随着材料性能和工艺水平的进一步提高，相信会有更多的FDM原形在各种场合直接使用。缺点：成型物体表面粗糙。

(2)不使用激光,维护简单,成本低。价格是成型工艺是否适于三维打印的一个重要因素。多用于概念设计的三维打印机对原形精度和物理化学特性要求不高,便宜的价格是其能否推广开来的决定性因素。

(3)塑料丝材,清洁,更换容易。与其他使用粉末和液态材料的工艺相比,丝材更加清洁,易于更换、保存,不会在设备中或附近形成粉末或液体污染。

(4)后处理简单。仅需要几分钟到一刻钟的时间剥离支撑后,原形即可使用。而现在应用较多的SLS,3DP等工艺均存在清理残余液体和粉末的步骤, 并且需要进行后固化处理,需要额外的辅助设备。这些额外的后处理工序一是容易造成粉末或液体污染,二是增加了几个小时的时间,不能在成型完成后立刻使用。

(5)成型速度较快。一般来讲,FDM工艺相对于SL、SLS、3DP工艺来说,速度是比较慢的。但针对三维打印应用,其也有一定的优势。首先,SL、SLS、3DP都有层间过程(铺粉/液、挂平),因而它们一次成型多个原形速度很快,例如3DP可以做到1小时成型25 mm左右高度的原形。三维打印机成形空间小,一次成型1至2个原型,相对来讲,他们的速度优点就不甚明显。其次三维打印机对原形强度要求不高,所以FDM工艺可通过减小原形密实程度的方法提高成型速度。通过试验,具有某些结构特点的模型,最高成型速度已经可以达到60 cm^3/h。通过软件优化及技术进步,预计可以达到200 cm^3/h的高速度。

1.2.2 立体光固化成型

SLA是"Stereo lithography Appearance"的缩写,即立体光固化成型法。用特定波长与强度的激光聚焦到光固化材料表面,使之由点到线,由线到面顺序凝固,完成一个层面的绘图作业,然后升降台在垂直方向移动一个层片的高度,再固化另一个层面。这样层层叠加构成一个三维实体。SLA是最早实用化的快速成形技术,采用液态光敏树脂原料,工艺原理如图1-4所示。

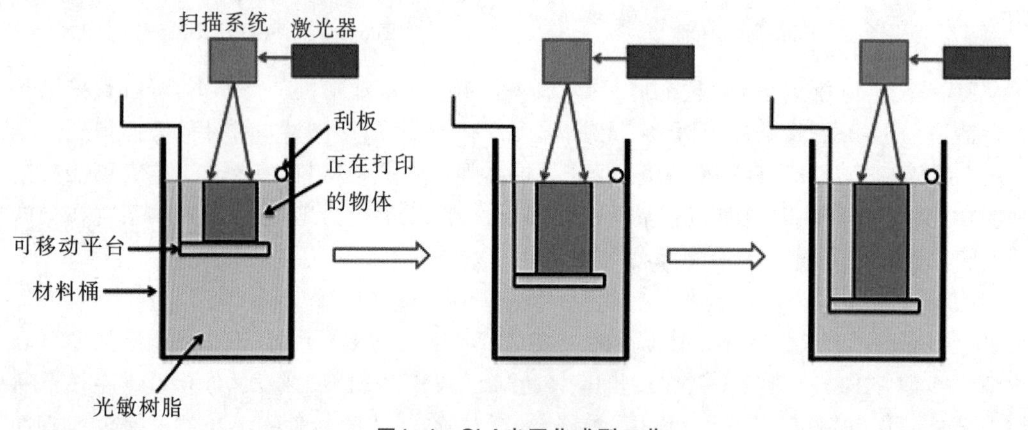

图1-4 SLA光固化成型工艺

SLA工艺过程是,首先通过CAD设计出三维实体模型,利用离散程序对模型进行切片处理,设计扫描路径,产生的数据将精确控制激光扫描器和升降台的运动;激光束通过数控装置控制的扫描器,按设计的扫描路径照射到液态光敏树脂表面,使表面特定区域内的一层树脂固化,这层加工完毕后,就生成零件的一个截面;然后升降台下降一定距离,固化层上覆盖另一层液态树脂,再进行第二层扫描,第二固化层牢固地黏结在前一固化层上,这样一层层叠加形成三维工件原形。将原形从树脂中取出后,进行最终固化,再经打光、电镀、喷漆或着色处理即得到要求的产品。

SLA技术主要用于制造多种模具、模型等;还可以在原料中通过加入其他成分,用原形模代替熔模精密铸造中的蜡模。SLA技术成型速度较快,精度较高,但由于树脂固化过程中产生收缩,不可避免地会产生应力或引起形变。因此开发收缩小、固化快、强度高的光敏材料是其发展趋势。

1.2.3 选区激光烧结成型

SLS选区激光烧结技术,即“Selective Laser Sintering”,与3DP技术相似,同样采用粉末为材料。所不同的是,这种粉末在激光照射高温条件下才能熔化。喷粉装置先铺一层粉末材料,将材料预热到接近熔化点,再采用激光照射,对需要成型模型的截面形状扫描,使粉末熔化,被烧结部分黏合到一起。通过这种过程不断循环,粉末层层堆积,直到最后成型,工艺原理如图1-5所示。

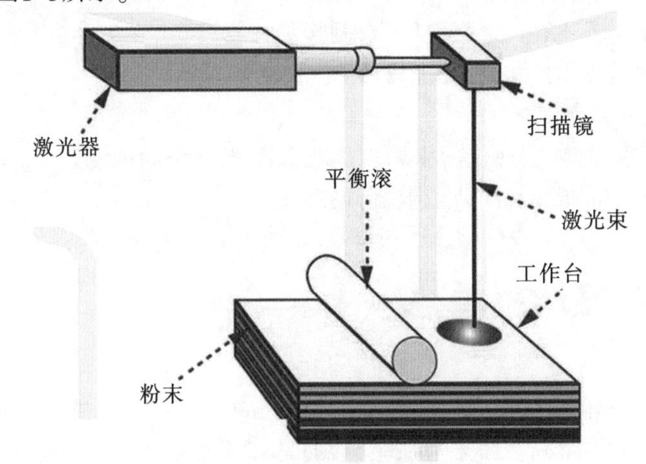

图1-5 SLS光固化成型工艺

激光烧结技术成型原理最为复杂,成型条件最高,是设备及材料成本最高的3D打印技术,但也是目前对3D打印技术发展影响最为深远的技术。目前SLS技术材料可以是尼龙、蜡、陶瓷、金属等,成型材料的种类多元化。

粉末材料选择性烧结采用二氧化碳激光器对粉末材料(塑料粉、陶瓷与黏结剂的混合粉、金属与黏结剂的混合粉等)进行选择性烧结,是一种由离散点一层层堆集成三维实体的工艺方法。在开始加工之前,先将充有氮气的工作室升温,并保持在粉末的熔点以下。成型时,送料筒上升,铺粉滚筒移动,先在工作平台上铺一层粉末材料,然后激光束在电脑控制下按照截面轮廓对实心部分所在的粉末进行烧结,使粉末熔化继而形成一层固体轮廓。第一层烧结完成后,工作台下降一截面层的高度,再铺上一层粉末,进行下一层烧结,如此循环,形成三维的原形零件。最后经过5~10小时冷却,即可从粉末缸中取出零件。未经烧结的粉末能承托正在烧结的工件,当烧结工序完成后,取出零件。

粉末材料选择性烧结工艺适合成型中小件,能直接得到塑料、陶瓷或金属零件,零件的翘曲变形比液态光敏树脂选择性固化工艺要小。但这种工艺仍需对整个截面进行扫描和烧结,加上工作室需要升温和冷却,成型时间较长。此外,由于受到粉末颗粒大小及激光点的限制,零件的表面一般呈多孔性。

通过烧结陶瓷、金属与黏结剂的混合粉得到原形零件后,须将它置于加热炉中,烧掉其中的黏结剂,并在孔隙中渗入填充物,其后处理复杂。粉末材料选择性烧结快速原形工艺适合于产品设计的可视化表现和制作功能测试零件。由于它可采用各种不同成分的金属粉末进行烧结、渗铜等后处理,因而制成的产品可具有与金属零件相近的机械性能,但由于成型表面较粗糙,渗铜等工艺复杂,所以有待进一步提高。

SLS技术的优点如下:

(1)可以采用多种材料。从理论上说,任何加热后能够形成原子间黏结的粉末材料都可以作为SLS的成型材料。

(2)过程与零件复杂程度无关,制件的强度高。

(3)材料利用率高,未烧结的粉末可重复使用,材料无浪费。

(4)无须支撑结构。

(5)与其他成型方法相比,能生产较硬的模具。

SLS技术的缺点如下:

(1)原形结构疏松、多孔,且有内应力,制作易变形。

(2)生成陶瓷、金属制件的后处理较难。

(3)需要预热和冷却。

(4)成型表面粗糙多孔,并受粉末颗粒大小及激光光斑的限制。

(5)成型过程产生有毒气体及粉尘,污染环境。

1.2.4 三维印刷成型

3DP三维印刷技术,即“Three Dimension Printing”。3DP打印机使用标准喷墨打印技术,通过将液态连接体铺放在粉末薄层上,以打印横截面数据的方式逐层创建各部件,最终形成三维实体模型。采用这种技术打印成型的样品模型与实际产品具有同样的色彩,还可以将彩色分析结果直接描绘在模型上,模型样品所传递的信息较大,如图1-6所示。

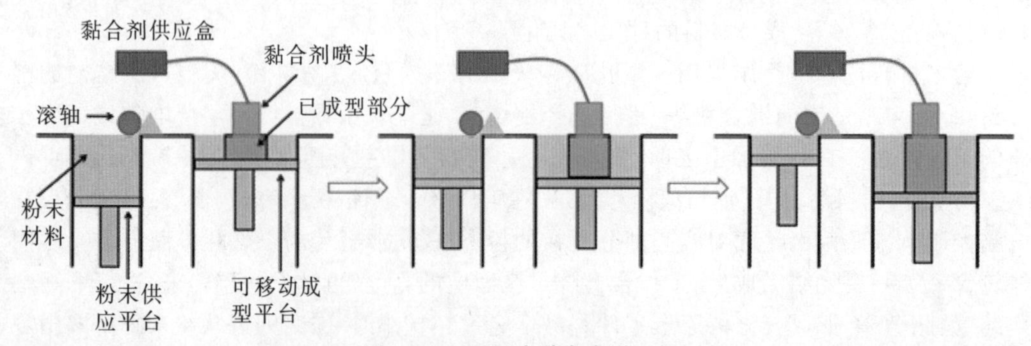

图1-6 3DP粉末黏合成型工艺

美国麻省理工大学的Emanual Sachs教授于1989年申请了三维印刷技术（3DP）的专利。这是一种以陶瓷、金属等粉末为材料，通过黏合剂将每一层粉末黏合到一起，通过层层叠加而成型。1993年，粉末黏合成型工艺是实现全彩打印最好的工艺，使用石膏粉末、陶瓷粉末、塑料粉末等作为材料，是目前最为成熟的彩色3D打印技术。

1.2.5 分层实体制造成型

分层实体制造法（LOM，Laminated Object Manufacturing），LOM又称层叠法成型，它以片材（如纸片、塑料薄膜或复合材料）为原材料，其成形原理如图1-7所示。激光切割系统按照电脑提取的横截面轮廓线数据，将背面涂有热熔胶的纸用激光切割出工件的内外轮廓。切割完一层后，送料机构将新的一层纸叠加上去，利用热黏压装置将已切割层黏合在一起，然后再进行切割，这样一层层地切割、黏合，最终成为三维工件。

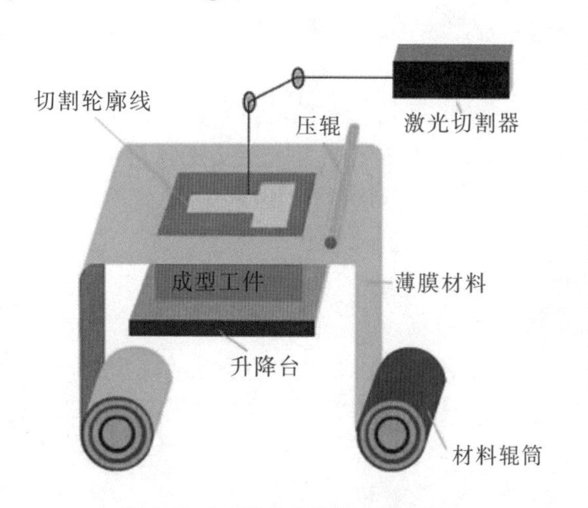

图1-7 LOM分层实体成型工艺

LOM常用材料是纸、金属箔、塑料膜、陶瓷膜等。此方法除了可以制造模具、模型外，还可以直接制造构件或功能件。该技术的特点是工作可靠，模型支撑性好，成本低，效率高。缺点是前、后处理费时费力，且不能制造中空结构件。

1.3 3D打印常用材料

3D打印材料是3D打印技术发展的重要物质基础，在某种程度上，材料的发展决定着3D打印能否有更广泛的应用。目前，3D打印材料主要包括工程塑料、光敏树脂、橡胶类材料、金属材料和陶瓷材料等。除此之外，彩色石膏材料、人造骨粉、细胞生物原料以及砂糖等食品材料也在3D打印领域得到了应用。3D打印所用的这些原材料都是专门针对3D打印设备和工艺而研发的，与普通的塑料、石膏、树脂等有所区别，其形态一般有粉末状、丝状、层片状、液状等。通常，根据打印设备的类型及操作条件的不同，所使用的粉末状3D打印材料的粒径为1~100 μm不等，而为了使粉末保持良好的流动性，一般要求粉末要具有高球形度。

1.3.1 工程塑料

工程塑料指被用作工业零件或外壳材料的工业用塑料，是强度、耐冲击性、耐热性、硬度及抗老化性均优的塑料。工程塑料是当前应用最广泛的一类3D打印材料，常见的有

Acrylonitrile Butadiene Styrene(ABS)类材料、Polycarbonate(PC)类材料、尼龙类材料等。ABS材料是Fused Deposition Modeling(FDM,熔融沉积造型)快速成型工艺常用的热塑性工程塑料,具有强度高、韧性好、耐冲击等优点,正常变形温度超过90℃,可进行机械加工(钻孔、攻螺纹)、喷漆及电镀。

ABS材料的颜色种类很多,如象牙白、白色、黑色、深灰、红色、蓝色、玫瑰红色等,在汽车、家电、电子消费品领域有广泛的应用。

PC材料是真正的热塑性材料,具备工程塑料的所有特性:高强度、耐高温、抗冲击、抗弯曲,可以作为最终零部件使用。使用PC材料制作的样件,可以直接装配使用,应用于交通工具及家电行业。PC材料的颜色比较单一,只有白色,但其强度比ABS材料高出60%左右,具备超强的工程材料属性,广泛应用于电子消费品、家电、汽车制造、航空航天、医疗器械等领域。

尼龙玻纤是一种白色的粉末,与普通塑料相比,其拉伸强度、弯曲强度有所增强,热变形温度以及材料的模量有所提高,材料的收缩率减小,但表面变粗糙,耐冲击强度降低。材料热变形温度为110℃,主要应用于汽车、家电、电子消费品领域。

PC-ABS复合材料是一种应用最广泛的热塑性工程塑料。PC-ABS具备了ABS的韧性和PC材料的高强度及耐热性,大多应用于汽车、家电及通信行业。使用PC-ABS能打印出包括概念模型、功能原形、制造工具及最终零部件等热塑性部件。

Polycarbonate-Iso(PC-ISO)材料是一种通过医学卫生认证的白色热塑性材料,具有很高的强度,广泛应用于药品及医疗器械行业,用于手术模拟、颅骨修复、牙科等专业领域。同时,因为这种材料具备PC的所有性能,也可以用于食品及药品包装行业,做出的样件可以作为概念模型、功能原形、制造工具及最终零部件使用。

Polysulfone(PSU)类材料是一种琥珀色的材料,热变形温度为189℃,是所有热塑性材料里面强度最高,耐热性最好,抗腐蚀性最优的材料,通常作为最终零部件使用,广泛用于航空航天、交通工具及医疗行业。PSU类材料能带来直接数字化制造体验,性能非常稳定,通过与Rortus设备的配合使用,可以达到令人惊叹的效果。

1.3.2 光敏树脂

光敏树脂即Ultraviolet Rays(UV)树脂,由聚合物单体与预聚体组成,其中加有光(紫外光)引发剂(或称为光敏剂)。在一定波长的紫外光(250~300 nm)照射下能立刻引起聚合反应完成固化。光敏树脂一般为液态,可用于制作高强度、耐高温材料。常见的光敏树脂有Somos NEXT材料、树脂Somos 11122材料、Somos 19120材料和环氧树脂。

Somos NEXT材料为白色材质,类PC新材料,韧性非常好,基本可达到selective laser sintering(SLS,选择性激光烧结)制作的尼龙材料性能,而精度和表面质量更佳。Somos NEXT材料制作的部件拥有迄今最优的刚性和韧性,同时保持了光固化立体造型材料做工精致、尺寸精确和外观漂亮的优点,主要应用于汽车、家电、电子消费品等领域。

Somos 11122材料看上去更像是真实透明的塑料,具有优秀的防水和尺寸稳定性,能提供包括ABS和PBT在内的多种类似工程塑料的特性,这些特性使它很适合用在汽车、医疗以及电子类产品领域。

Somos 19120材料为粉红色材质，是一种铸造专用材料。成型后可直接代替精密铸造的蜡膜原形，避免开发模具的风险，大大缩短制作周期，具有低留灰烬和高精度等特点。

环氧树脂是一种便于铸造的激光快速成型树脂，它含灰量极低(800℃时的残留含灰量<0.01%)，可用于熔融石英和氧化铝高温型壳体系，而且不含重金属锑，可用于制造极其精密的快速铸造型模。

1.3.3 金属材料

近年来，3D打印技术逐渐应用于实际产品的制造，其中，金属材料的3D打印技术发展尤其迅速。在国防领域，欧美发达国家非常重视3D打印技术的发展，不惜投入巨资加以研究，而3D打印金属零部件一直是研究和应用的重点。3D打印所使用的金属粉末一般要求纯净度高、球形度好、粒径分布窄、氧含量低。目前，应用于3D打印的金属粉末材料主要有钛合金、钴铬合金、不锈钢和镍合金材料等，此外还有用于打印首饰用的金、银等贵金属粉末材料。

钛是一种重要的结构金属，钛合金因具有强度高、耐蚀性好、耐热性高等特点而被广泛用于制作飞机发动机压气机部件，以及火箭、导弹和飞机的各种结构件。钴铬合金是一种以钴和铬为主要成分的高温合金，它的抗腐蚀性能和机械性能都非常优异，用其制作的零部件强度高、耐高温。采用3D打印技术制造的钛合金和钴铬合金零部件，强度非常高，能制作的最小尺寸可达1 mm，而且其零部件机械性能优于锻造工艺。

不锈钢以其耐空气、蒸汽、水等弱腐蚀介质和酸、碱、盐等化学侵蚀性介质腐蚀而得到广泛应用。不锈钢粉末是金属3D打印经常使用的一类性价比较高的金属粉末材料。3D打印的不锈钢模型具有较高的强度，而且适合打印尺寸较大的物品。

1.3.4 陶瓷材料

陶瓷材料具有高强度、高硬度、耐高温、低密度、化学稳定性好、耐腐蚀等优异特性，在航空航天、汽车、生物等行业有着广泛的应用。但由于陶瓷材料硬而脆的特点使其加工成形尤其困难，特别是复杂陶瓷件需通过模具来成型。模具加工成本高，开发周期长，难以满足产品不断更新的需求。

3D打印用的陶瓷粉末是陶瓷粉末和某一种黏结剂粉末所组成的混合物。由于黏结剂粉末的熔点较低，激光烧结时只是将黏结剂粉末熔化而使陶瓷粉末黏结在一起。在激光烧结之后，需要将陶瓷制品放入到温控炉中，在较高的温度下进行后处理。陶瓷粉末和黏结剂粉末的配比会影响到陶瓷零部件的性能。黏结剂分量越多，烧结越容易，但在后置处理过程中零件收缩比较大，会影响零件的尺寸精度。黏结剂分量少，则不易烧结成型。颗粒的表面形状及原始尺寸对陶瓷材料的烧结性能非常重要，陶瓷颗粒越小，表面越接近球形，陶瓷层的烧结质量越好。

瓷粉末在激光直接快速烧结时液相表面张力大，在快速凝固过程中会产生较大的热应力，从而形成较多微裂纹。目前，陶瓷直接快速成形工艺尚未成熟，国内外正处于研究阶段,还没有实现商品化。

1.4 3D打印的应用

目前,关于3D打印的报道有很多,然而,普通读者似乎很难感受到这个新科技的成果。如今,3D打印技术在民生领域应用也非常广泛,比如展会上一些小型工艺品的制作,电影道具的制作等。总的来讲,3D打印的应用对象可以是任何行业,只要这些行业需要模型和原形。目前,3D打印技术已在航空航天、机械制造、生物医学、文化艺术、军事、建筑、影视、家电、考古、雕刻、首饰等领域都得到应用。随着技术自身的发展,其应用领域将不断拓展。

1.4.1 航空航天

航空航天是3D打印技术运用最广泛的领域之一,国内外均已有成功的应用案例。美国RLM工业公司利用3D打印技术制造"爱国者"防空系统齿轮组件,其制造成本由原来采用传统制造工艺的2万~4万美元降低到1 250美元。通用电气公司采用3D打印技术制造发动机钛合金零件,使每台发动机成本节省了2.5万美元。波音公司利用3D打印技术制造了约300多种不同的飞机零部件。英国皇家空军1架装配有3D打印金属部件的旋风战斗机试飞成功,其装配的3D打印部件包括驾驶室的无线电防护罩、起落架防护装置及进气口支架。雷尼绍公司采用AM250激光熔融成型工艺,用3小时就能制造一款航空用的双层网状结构冷却部件。

据《中国航空报》2011年8月16日报道,2011年8月1日,英国南安普敦大学的工程师设计并试飞了世界上第一架"打印"出来的名为SULSA的无人驾驶飞机,如图1-8所示,这标志着无人机制造进入了3D打印时代。SULSA之所以能成为一个标志,意义在于它整架飞机都采用了3D打印技术,却不是一个放大版的玩具飞机。SULSA机身长3 m,翼展2 m,整机质量5 kg,在无人机家族中只能算得上迷你型,一般人都能轻松举起它。SULSA拥有高达160 km/h的最高飞行时速。3D打印技术造就了SULSA,它使得SULSA这种高度定制化的无人机从提出设想到首飞,可在短短几天内实现。如果使用复合材料采用常规制造技术,这一过程往往需要几个月时间。利用3D打印技术可首先在电脑上完成SULSA的设计"蓝图",再用激光烧结机按"蓝图"逐层打印机身。飞机的其他配件可分开打印,再安装到飞机上。飞机上的所有设备之间的连接使用"卡扣固定"技术连接在一起。因此,整架飞机可在几分钟内完成组装。

图1-8 3D打印无人机SULSA

在航天领域,3D打印技术的应用案例也越来越多。空客防务与航天事业部利用EOS公司的EOSINTM 280制备了卫星上的支架,采用3D打印技术可以实现低成本单件制备,大大减少了生产周期，使得设计人员可以优化修改设计。1颗卫星所需的3个支架的制备周期只需要不到1个月时间，质量减轻了将近1 kg。美国航空航天局已经采用3D打印技术制造了电子器件的冷却板、封装板、防护板等类似零件。如戈达德空间中心发射的首件3D打印的电池安装板就是采用3D打印技术制备的热塑性塑料聚醚酮，该器件已经用于一项测试热控器件性能的探空火箭任务，如图1-9所示。2015年2月26日，在澳大利亚墨尔本市举行的阿瓦隆国际航空展上，澳大利亚墨尔本莫纳什大学一个研究团队的研究人员发布了世界首款3D打印喷气式飞机引擎，如图1-10所示。

图1-9　3D打印技术制造的电池安装板

图1-10　世界首款3D打印喷气式飞机引擎

国内，北京航空航天大学王华明教授团队的“飞机钛合金大型复杂构件激光成型技术”，在2013年获得了国家技术发明奖一等奖，如图1-11所示。目前，该技术在我国已投入工业化应用，使我国成为继美国之后第二个掌握飞机钛合金结构件激光快速成型技术的国家。采用该技术，我国自主研发了尺寸大且形状复杂的大型客机C919机头钛合金主风挡整体窗框。该团队研发的制造装备最大加工零件尺寸达到4 m×3 m×2 m，是目前全球最大的激光快速成型装备，其制造的钛合金构件的综合力学性能已经达到或超过相应锻件的相关指标。华中科技大学的曾晓雁教授带领的团队在2012年研发出的选择性激光烧结成型设备，工作台面达到1.2 m×1.2 m，远远超过德国、美国等公司同类产品，使我国在3D打印制造领域达到世界领先水平。该团队自主研制的NRD-SLM-Ⅱ设备的成形尺寸可达320 mm×250 mm×250 mm，成形材料包括铝基、铁基、镍基、钛基合金等。西北工业大学的凝固技术国家重点实验室一直从事3D打印技术的研究，在材料成形和修复方面取得了很

多成果，应用3D打印技术制造了航空发动机鼓筒轴；在航空发动机轴承后机匣的成型和修复方面应用激光成型与修复技术，零件已进行试验样机的装机试验。目前，西北工业大学正在进行飞机上的钛合金选型试验件生产，其样件力学性能均达到了支线飞机零件制造标准的要求，尺寸最大的零件已经达到了2.85 m。

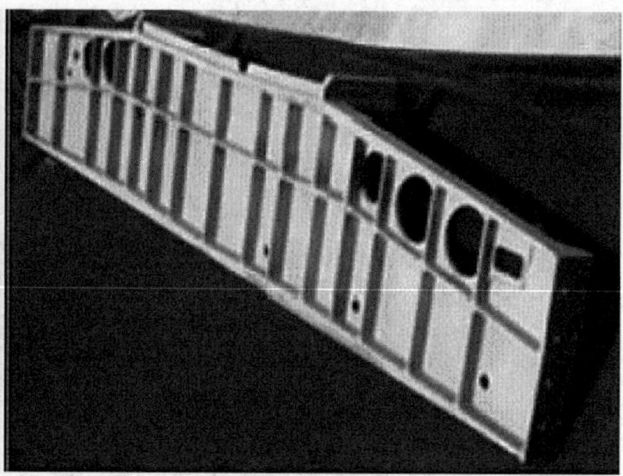

图1-11　北京航空航天大学采用激光增材技术制造的钛合金飞机大型关键主承力构件

航天器中经常希望在同一个零件的不同部位具有不同的性能，现有的方案一般是分别用不同材料制备不同的部分，再将它们焊接成理想的材料。这样，焊接的技术难度大，产品质量隐患也很大。而通过3D打印技术可以很方便地实现一个零件的不同区域具有不同的材料性能。美国喷气推进实验室基于选区激光熔化技术，让打印头具备了实时更换打印粉末的能力，每一层打印使用不同的成分，制备了具有成分梯度的结构。还可以通过在基体材料上打印不同的材料制备具有成分梯度的结构。

1.4.2　生物医学

3D打印在生物医学领域的应用更是令人称奇，目前正在探索的应用除了义齿和义肢外，在生物材料引领下，还将在组织工程方面大有用武之地。每个人的身体构造、病理状况都存在特殊性和差异化，当3D打印技术与医学影像建模、仿真技术结合之后，就能够在人工假体、植入体、人工组织器官的制造方面产生巨大的推动效应。如肝移植、肾移植等案例，之所以过去成功率并不高，关键是病人会产生排异现象。现在科学家正在利用病人体内的细胞，通过3D打印技术来培育病人需要的肝脏、肾脏，这样就不会产生排异现象。

2010年澳大利亚Invetech公司和美国Organovo公司合作，尝试以活体细胞为“墨水”打印人体的组织和器官。2013年Organovo公司在一定程度上已经攻克了血管壁细胞的难题，成功地打印出一个深500 μm的小型肝脏组织，并且具备普通肝脏所拥有的功能，具有可将盐、激素和药物运送到身体各处的蛋白质，并且能够正常存活40天。同年，美国康奈尔大学研究人员使用牛耳细胞打印出人造耳朵，3个月后观察发现，3D打印的耳膜和传统人造耳几乎与人耳完全一致。美国加利福尼亚州一家公司声称已使用3D打印机成功制造了3D肝细胞。该公司在2013年4月于波士顿举行的实验生物学大会上展示了这项成果。德国研究人员也利用3D打印技术制作出柔韧的人造血管，这种血管可与人体组织融合，不但不会发生排异，而且还可以生长出类似肌肉的组织。这些成功案例表明，解决当前和今后人造器官短缺的困难不再遥远。

清华大学器官制造中心2004年自主研发出国内第一台细胞3D打印机，确定了几乎适合所有细胞组装的通用基质材料，并通过了教育部组织的成果鉴定，如图1–12所示。

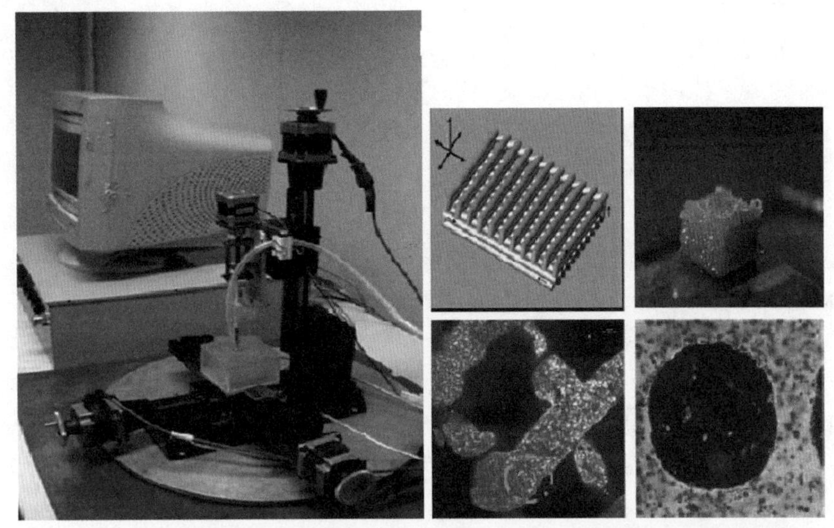

图1–12　清华大学器官制造中心3D打印设备及其相关细胞的受控组装

2013年8月11日，在杭州电子科技大学“生物3D打印机”鉴定会上，中国3D打印技术产业联盟副理事长、杭州电子科技大学教授徐铭恩就展示了一款能直接打印出活体器官的生物3D打印机。这也是国内首款生物3D打印机。在生物制造研究中心实验室里，徐铭恩教授现场打印出肝单元细胞，整个过程只用了半个小时。

2014年3月，解放军第四军医大学第一附属医院（西京医院）对3名骨肿瘤患者实施3D打印钛合金假体植入手术治疗，对他们不同部位的骨骼缺损进行修复，均取得良好疗效。其中，3D打印的钛合金肩胛骨假体和锁骨假体临床应用为全球首例，骨盆假体临床应用为亚洲首例。同年8月，北京大学第三医院骨科完成世界首例应用3D打印技术人工定制的枢椎椎体，为一位12岁的小患者实施寰枢椎恶性肿瘤治疗，为肿瘤切除后颈椎结构重建技术开辟出一条崭新途径。

目前临床上血管移植主要采取自体移植或同种异体移植，供体来源受到很大的限制。利用3D打印技术可以方便快速地制造出可供移植的血管和血管网修复材料。如美国哥伦比亚大学的Norotte教授等开发出了一种基于三维自动电脑辅助沉积的生物凝胶球体3D打印技术，应用于无支架的小直径血管成形，体现出了快速成型技术的快速、可重复和可量化等优势。美国Clemson大学Mironov等利用改装的喷墨打印机在一层基质材料上打印一层血管内皮细胞，形成了类似面包圈的准三维立体结构。国内武汉大学中南医院血管外科也借助3D MAX软件三维建模，利用液态光敏树脂选择性固化技术原理制作出了以光敏树脂为材料的组织工程带瓣静脉支架模型。

1.4.3　机械制造

3D打印技术即“增材制造”，它完全不同于传统的零部件加工方法，在机械零部件制造领域引发了重大改变。过去开发一个产品，尤其是具有复杂形状的零部件，需要较多的生产设备，例如，专用机床、工装夹具、专业的生产人员等，这样才能完成一个零部件的加工生产，并且产品还不一定能满足市场的需要。还需要经过市场的长时间检验，对所设计的产品进行多次修改，才能满足市场需求。这样的生产过程周期较长，然而增材制造技术使加工人员节省了时间，也摆脱了对加工设备的束缚，一台3D打印机即可完成所有的制造工序进而完成零件的生产。与传统零部件加工方式进行比较，以前结构冗杂的零部件通过3D打印机可以很容易地加工出来，这样需要加工的零部件的稳定性与集成度得到提高，使产品的加工与设计过程得到大大简化。

大多数日常用品和机械零件主要依赖于模具制造技术，但模具制造也有其自身的局限，生产成本高。更为重要的是，模具开发的技术难度大，外观越复杂的产品，研发费用越高，做模周期越长，加工成本也越高。3D打印技术对于模具行业来说，既是对模具这种传统行业的挑战，也给其带来了新的改革方向和发展机遇。首先，3D打印技术可加工任意曲面的复杂产品和缩短产品研发周期，故对于生产成本高的新产品，可先通过3D打印出少量产品，投放市场后观察动态，如果销量好，再通过模具制造大批量生产，这样可以避免大量的制造效益不高而给企业造成巨大损失的情况。其次，3D打印技术可精确地制造出零件中的任意结构细节。在模具设计环节中，先借助3D打印出零件的实体模型，即可有效地指导模具的工艺设计，也可对零件进行装配检验，避免其结构和工艺上的设计错误。最后，随形冷却水道是高端精密模具常用的一种冷却系统，这类模具无法用常规机械加工技术制造，但3D打印技术能够制造这类复杂模具，可使模具局部降温及快冷，缩短成型周期。

汽车工业是机械工业的一个重要分支，我国早在“九五”规划中已把汽车工业作为支柱产业，近年来国内汽车行业呈现出强劲的发展势头，已成为新的经济增长点。2010年开始，德国将3D打印技术应用到汽车发动机等重要零部件制造中。目前，国内包括奇瑞汽车、长安福特、东风汽车公司、广西玉柴机器有限公司、神龙汽车等汽车企业及其零部件配套生产企业，在研发和制作缸体、缸盖、变速器齿轮等产品过程中也已经开始使用3D打印技术。

传统的汽车设计建立在工业化大批量生产的基础上，这意味着消费者的差异性、个性化追求很难得到满足。在汽车界，私人定制、手工打造、限量版等词汇是属于奢侈昂贵领域的贵族消费者的，昂贵的汽车生产成本使普通大众没办法享受到与众不同的产品体验。3D打印技术的出现，改变了这一传统的既定思维模式，消费者可根据自身条件、动作习惯甚至不同的产品使用情景对汽车外观造型、内饰格局等方面自行设计与改变，为自己量身定做一款真正独一无二的汽车，使汽车的生产模式在不提升制造成本的基础上，从万人一式逐步转向百人一式、一人一式，甚至一人十式的全新制造模式，真正体现出“以人为本”的设计理念。

汽车行业的设计流程主要包括前期调研、设计定位、概念形成、草图方案讨论、计算机数字建模、实物立体油泥模型、工程及结构调整、样车试制、修改验证及后期的批量化生产等过程。目前3D打印技术在汽车设计整个流程中的应用，主要集中在概念模型开发、功能验证原形制造、工具制造及小批量定制型制成品的四个生产阶段。概念模型开发阶段引入3D打印技术，使得设计师在设计初期便可将不同造型方案构建出模型，更直观地对设计合理性进行验证，为后续流程奠定基础；功能验证原形制造采用3D打印，有利于对功能的可行性进行分析和研究，避免后续工程性失误造成的返工；通过3D打印制造生产工具，不仅可以减少购置和安装设备的金钱和时间，还可以制造出更加符合人体工程学理论且质量轻盈的工具；3D打印小批量定制型制成品是指设计师将多个意向设计方案确定后，打印出若干个三维立体模型，客户可直观地了解整车情况并进行准确的评价，选择出自己最满意的方案，从而提高定制化特型车辆生产领域的水平和服务优势。

由于汽车零部件产品的单价远低于军工产品，成本较高和打印材料种类较少制约了3D打印技术在汽车零部件制造上的应用。就目前阶段3D打印技术的情况，3D打印出成品汽车的所有零件，或者直接打印出一台汽车，还是不现实的。即使可以打印出来，这辆车也是消费者买不起，用不长久的。3D打印技术取代传统铸造、锻造技术进行汽车零部件的规模化生产还不现实，3D打印技术对汽车行业来说，更大的意义在于设计和开发层面。只有将其个性化、复杂化、高难度的特点，与传统制造业的规模化、批量化、精细化相结合，与制造技术、信息技术、材料技术相结合，才能推动3D打印技术在汽车零部件产业的创新发展。

1.4.4 文化教育

目前，一些国家和组织已经开始重视3D打印在教育领域中的应用，并开始探索这方面的研究。

英国教育部开展了一项为期一年的试验项目，以21个学校为试点，将3D打印技术应用到数学、物理、计算机科学、工程和设计等课程中，探索3D打印的教学应用，推动教学创新。该项目与英国物理学会、全国数学教学创优中心（NCETM）和3D打印机厂商Makerbot合作，在“人类学习可以通过制造和分享过程产生”的理念下，为使用3D技术的学校提供良好的理论指导和技术支持。

美国国防高级研究计划局（DARPA）制作实验和拓展（MENTOR）项目计划在美国高中推广3D打印机。MENTOR项目旨在培养高中生的工程技术，培养学生一系列的技能，并激发他们对工程、设计、制造和科学相关课程的兴趣，促进高中学龄的学生协作完成一系列的设计和制作方案，以帮助他们解决在未来设计和工程方面的挑战。3D打印机在动手和动脑的学习中发挥着重要作用，将有助于MENTOR计划培养目标的实现。

意大利理论物理国际研究中心（ICTP）利用网上的免费工具将数学中的等值曲面转化成三维模型，并打印出可用于课堂教学的实物或者很酷的装饰品。3D打印可以为枯燥的数学知识增添趣味性和实用性，将数字化和时尚相结合。通过技术手段，可以使得数学与艺术并驾齐驱，通过数学模型去构造和实现艺术设计。

上海市将3D打印引入基础教育领域。静安区青少年活动中心创意梦工厂配置了3D打印机及配套的3D扫描仪，定期开设相关课程，免费供有兴趣的学生学习三维设计和计算机辅助制造，打印自己设计的产品。

3D打印厂商也关注和重视在教育领域的应用和推广。Stratasys公司为教育行业推出了一款面向高等教育机构的3D打印机教育包：Object30睿智（Scholar）。该教育包具有超高分辨率和精确度，可以制造出具有光滑表面、移动部件、细节完善的模型，适用于小空间、办公室和桌面操作，能够兼容所有类别的3D CAD软件。3D打印教育包将使学生有机会开

发3D打印项目,为高校带来快速成型模具制造体验,帮助跨学科(尤其是理工科)的师生们快速实现创新与设计理念。

1.4.5 其　他

如今,3D打印可以说已经渗透到生产生活的各个领域，各行各业都可以考虑采用3D打印技术解决以前未曾解决或很难解决的问题。

下面再介绍几例3D打印在其他领域的应用:

图1-13中的小屋子为3D打印建筑。这房子的建造者就是一部高6.6 m、宽10 m、长150 m的打印机。这台打印机用一种特殊的“油墨”、一台电脑、一个按键,便可以轻轻松松打印出一栋真实的可供居住的房子,让3D打印建筑从此不再只是一个概念。2014年3月29日,上海盈创装饰设计工程有限公司在同济大学逸夫楼举办了一场别开生面的建筑3D打印技术全球首发新闻发布会,宣告了这项横空出世的新技术。

图1-13　盈创3D打印房屋

文物保护博物馆也会用替代品来保护原始作品不受环境或意外事件的破坏。陕西历史博物馆打印了长11 cm、高11.5 cm的国宝文物“金怪兽”。通过3D打印出来的复制品和文物原件几乎一模一样。

食品产业美食爱好者已经用3D打印机打印巧克力和曲奇饼干。以合肥工业大学学生为主的DOD团队研制出了3D蛋糕造型打印机,半个小时即可打印一个15 cm高的蛋糕造型,成本比手工制作还低。未来营养师们还会考虑根据个人的基础代谢量和每天的活动量,利用3D打印机打印每日所需的食物,以此来控制肥胖、糖尿病等问题。

1.5　3D打印与汽车制造业

1.5.1　3D打印汽车历史

1. 第一款3D打印汽车——URBEE 2

2013年上半年,一台名为URBEE 2的小车诞生了。其实它的前身URBEE早在2010年就推出了,只不过当时由于各种问题只停留在概念阶段。URBEE 2则是一款真正意义上量产的车型。URBEE 2是一款搭载混合动力的三轮车,由车身后置的独轮驱动,如图1-14。在城市中行驶时,URBEE 2由电力驱动,内置7.6 kW·h电量,两个前轮由一对36 V

的电动马达驱动，可提供6 kW的巡航动力，最高动力12 kW。电力驱动行驶里程可达64 km。当电力不足时，则切换到内燃机来驱动发电机给电池供电。URBEE 2包含了超过50个3D打印组件，但这相较传统制造工艺显得十分精简。车辆除了底盘、动力系统和电子设备等，超过50%的部分都是由ABS塑料打印而来。据悉，生产URBEE 2需要花费2 500小时，换算一下就是没日没夜也需要超过100天才能打印这样一辆车。对于底盘方面未采用3D打印进行制造，设计团队表示是出于安全方面的考虑。此外，为了达到更高的安全标准，框架部分也同样采用了钢管焊接。URBEE 2由于车身重量和尺寸较小，加上三轮的布局，在某些国家只能按照摩托车标准注册。

图1-14　第一款3D打印汽车——URBEE 2

2.芝加哥机床展期间打印的STRATI

STRATI是Local Motors公司推出的一款3D打印汽车，号称STRATI是全球第一辆。因为在Local Motors公司看来，URBEE 2的底盘部件并未由3D打印机完成，而STRATI不仅3D打印的应用率更高，而且已经接受媒体试驾，所以它同样可以称为“第一辆3D打印汽车”，如图1-15所示。

图1-15　芝加哥机床展期间打印的STRATI

STRATI诞生于2014年，它相较URBEE 2的确有了明显的进步。首先，它的底盘部分也采用了3D打印技术制造，其次它的打印时间仅为44个小时。如果加上组装时间，最新的数据表明只需要三天就能造出STRATI。从超过100天到3天，效率的飞速提升预示着3D打印汽车的未来发展不可预估。STRATI的最高时速可达56 km，动力部分采用电池驱动，续航里程193~243 km。虽然生产STRATI的Local Motors公司有些"瞧不起"URBEE 2 3D打印的应用率，事实上STRATI除了多出在底盘部分的应用外，动力总成、悬挂以及转向部件来自雷诺的TWIZY。此外，座椅、车灯、轮圈和轮胎也采用传统方式制造。由于需要考虑到安全性，STRATI的原材料为加入了碳纤维的热塑材料。

虽然STRATI许多部分仍采用传统方式制造，但3D打印汽车还是拥有非常大的优势。相较传统汽车制造业用零件拼接的方式生产汽车，3D打印汽车则先打造一个框架，然后将需要的部件填补进去。3D打印汽车更少部件的应用不仅可以大幅降低车身重量，还可以省去冲压这一环节。这对于小规模生产来说，省去了制造模具的成本，效率更高，而且不需要硕大的厂房，直接降低了汽车生产的门槛。目前生产STRATI的公司正在计划着该车的上市计划，而公布的预售价则为1.1万英镑(约合人民币9.6万元)起售。

3.亚琛工业大学3D打印电动车

Street Scooter项目是由德国工科排名第一的亚琛工业大学（Rwth Aachen University）开发的，这辆Street Scooter C16电动车(如图1-16所示)的所有塑料外饰件都是采用大幅面的OBJET 1000 3D打印机打印的，包括大前面板、背面板、门板、保险杠系统、侧裙、轮拱、灯面罩，以及一些内部元器件，如仪表盘等。OBJET 1000 3D打印机的最大打印尺寸为1000 mm×800 mm×500 mm，简单地说，就是可打印1 m长的单个零部件。材料使用的是Stratasys公司的Digital ABS材料，该材料足够坚硬。开发团队用它制造的一辆原形车，能够与传统方式制造的车一样，经受得住严格的测试环境。

图1-16　亚琛工业大学3D打印电动车

亚琛工业大学在开发Street Scooter的早期阶段也大量使用了3D打印技术。Street Scooter汽车的各个组成部件早期设计阶段的几何实现和功能原形都是3D打印完成的。其中包括仪表板支架、驱动模式开关面板、反射镜隔室和德国邮政引擎盖标志。Street Scooter的最终量产车型是为德国邮政开发的一款有4.3 m^{3}容量的送货车版本，将来会在德国运营。

1.5.2 3D打印在汽车中的应用领域

1.造型评审

汽车造型设计是创意驱动的概念设计，而汽车造型设计评审既是设计决策的重要节点，也是设计流程的重要控制节点，决定了汽车造型流程的流程节点和设计迭代的进程。在汽车开发的整个周期和成本中，造型设计投入的人力、物力、成本都是很少的，但这个步骤却至关重要，是直接影响接下来的整个流程和产品最终市场销量的关键一步。一般意义上的造型设计是从产品规划开始的，包含二维设计、三维设计、样车试制等。

产品规划：造型开发的前期需要对所开发车型做市场调研，以便有针对性地规划造型定位。在产品规划过程中，设计师了解到即将进行的造型风格定位与功能定位有助于以后更好地把握方向，也能使得新造型尽可能被目标客户群接受。总布置设计是预先对车内各部件以及乘员坐姿等的布置，以满足功能空间要求，以及驾乘人员的人体工程要求。

二维设计：二维设计的开始需要造型设计师根据前期输入条件进行创意构思，新颖的创意是一款车区别于另一款车的关键，体现了车的不同个性，通常新颖的创意也是汽车产品吸引消费者的亮点所在。

三维造型：三维模型包括实体模型和数字模型两大类。实体模型按照过程分为小比例油泥模型、全尺寸油泥模型、树脂模型等。数字模型主要有前期的CAS模型和后期的A-CLASS两种。

图1–17 3D打印汽车油泥模型

实际工作中通常会制作小比例油泥模型，轿车的小比例模型通常为1:4或者1:5。小比例模型比效果图更具有真实感，而这些工作3D打印都可以参与进来。

样车制作：样车制作是造型开发的最后一个阶段，会将内、外饰在同一个车体中表现出来。这个制作过程还涉及内、外饰的色彩设计，材质、面料选择和图案设计等，能如实地体现车型制造出来之后的状态。整车开发过程中需要对汽车的外形、内饰等外观造型进行设计、评审和确定。因此，需要在油泥模型的基础上，制作和安装车灯、座椅、方向盘及轮胎

等快速成型件。3D打印技术在这一领域的应用包括1:1全尺寸模型、前格栅、轮毂等,其关键技术包括Polyjet技术、塑料和橡胶复合、塑料件和不透明件复合、3D打印表面涂装。

2.结构复杂件设计

在整车开发过程中难免会遇到结构设计复杂,无法使用传统制造工艺进行制造,或者常规制造成本非常高昂的零件,这时3D打印由于其自由造型和高度的定制化功能就能发挥其长处。捷克共和国的Innomia A.S.致力于汽车行业的选择性激光熔融技术,帮助汽车零件供应商麦格纳(Magna)优化了前排座位之间扶手的生产工艺,这得益于改进的冷却理念。

扶手利用传统的注塑成型工艺生产而成。因此,这种生产工艺必须使液体基材散热,塑料才能固化。快速且均匀散热在这个制造过程中很重要:在零件脱模取出之前,这可预防产品变形并缩短注塑周期。Innomia团队依靠增材制造的特殊应用之一随型冷却通道,在层层熔化金属粉末的实际生产过程之后,通过后续热处理成功将硬度提高至50 HRC(洛氏硬度)。这种注塑成型的零件不会变形,这得益于经过优化的生产模具可以快速且均匀散热,嵌件的表面升温不会超过90℃;由于随型冷却通道,一个生产周期所需时间比以往缩短17%。此外,湿度和模具锈蚀的问题可以完全得以解决。

Jaguar Land Rover在2008年就投资购买了Statasys的Objet Connex 500,以拓宽其基于树脂的快速原形制作功能。通过这种技术打印的复杂结构件如图1-18所示。

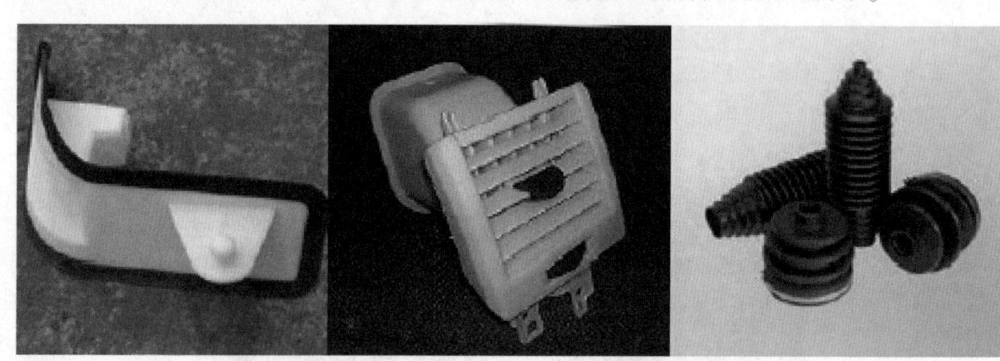

图1-18 3D打印汽车复杂结构件

3.3D打印工装夹具

工装夹具指机械五金工具,是制造过程中所用的各种工具的总称,包括刀具、夹具、模具、量具、检具、辅具、钳工工具、工位器具等。工装为其通用简称。工装分为专用工装、通用工装和标准工装(类似于标准件)。诚然,夹具不是增材制造最热门的话题,但却是提升管理价值和简化工作流程的有效工具,是一种宝贵的资源。在大多数情况下,工装夹具可以加快和提高流水线生产水平。

在一套较为复杂的工装夹具中,往往设有多处压紧、辅助支撑、调节支撑等元件。由于受空间位置、夹紧力大小等因素的影响,不同部位所用的夹具结构、外形、大小等会不尽相同,因此工装夹具往往呈现多品种、小批量的特点,如果用传统开模制造的方式,成本太高,效率太低,即使借助数控加工中心来快速成型,有时也会受制于各种加工限制(如边角加工不到位,孔洞结构不到位等)而无法直接得到所需的夹具,后处理很麻烦。

随着3D打印技术的出现,工装夹具的制造找到了新的解决方案。3D打印特别适合小批量、复杂产品的制造,而且可以与前端的夹具CAD设计无缝衔接,实现无模化制造。对于需要用到夹具的企业来说，用3D打印技术来定制夹具，成本最低、效率最高、效果最好。如今，定制的3D打印夹具和固定装置在汽车生产线、医学设备生产、航空航天及其他重工业中的应用已成为普遍现象。如图1–19所示为3D打印的汽车工装夹具。

图1–19 3D打印汽车工装夹具

4.3D打印个性零件

个性化的车身外覆盖件、汽车内饰（保险杠、扰流板、座椅、仪表板等）零件越来越吸引有个性的年轻人，最有可能率先实现“定制汽车”概念的无疑是售后市场。3D打印技术优势在于能快速更改设计差错、提高生产效率、降低开发成本。相较于传统的模具开发，以及锻造、铸造等复杂的工艺，3D打印简化了中间环节，从而减少了人力与物力的消耗，缩短了开发周期。相对于目前国内零部件45天以上的开发周期，3D打印技术依据零部件的复杂程度，只需要1~7天的开发周期，并且在复杂零部件的制造方面具有突出优势。

随着移动互联网、云计算等新兴信息技术的发展，个人体验终端也越来越多样化，人们对于不受外部环境约束的自由体验的追求更加强烈，其个性化需求日益明显。这种需求同样催迫着社会生产、制造模式的改变。3D打印技术存在的意义就是能够使人们将数字世界与现实生产结合得更为紧密，将产品制造和个人需求无缝对接。例如前段时间摩托罗拉与3D打印厂商3D System开发了3D印刷生产平台项目ARA，吹响了进军开源手机硬件系统的号角，这一项目的主要目的就是为用户生产个性化定制的手机，到时，用户可以像组装PC那样选择不同的硬件来拼凑成个性化设备。当然不只是手机，互联网带来的个性化也同时催促汽车个性定制的到来。随着汽车更新换代频率的加快、人们对汽车功能的选择需求也逐步加深，或许在不久的将来，汽车就可以实现更深层次的个性化定制，而非目前简单的外观区分。而自定义汽车的销售方式之中，最大的难题莫过于个性化定制将拖长生产环节的效率，并带来规模生产的难度。此时，3D打印技术的应用或许就能够带来更大的想象空间。人们可以在诸如ARA之类的硬件平台上得到自己所喜欢的汽车零部件，比如汽车保险杠、后视镜等内外饰件，来组装成自己的定制化汽车。再者，利用3D打印技术生产的零部件也可以降低维修成本，将损坏的、紧缺的零部件打印出来，也降低了库存成本。图1–20所示为3D打印的个性化座椅。

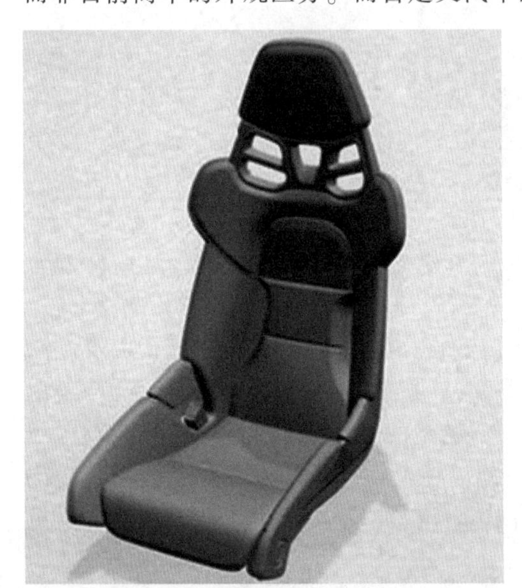

图1–20 3D打印汽车个性化座椅

1.5.3 3D打印在汽车领域的发展前景

在国外,3D打印在汽车零部件的开发和赛车的零部件制造方面得到了广泛的应用。这些应用包括了汽车仪表盘、动力保护罩、装饰件、水箱、车灯配件、油管、进气管路、进气歧管等零件。尤其类ABS材料、尼龙等材料的性能,接近于汽车绝大部分部件的原始材料性能,能够更好地展现该部件的物理性能,配合产品测试和实际使用。奥迪、宝马、奔驰、美洲豹、通用、大众、丰田、保时捷等,毫无例外,都在使用3D打印技术。3D打印汽车的终极形态:造车就像拼装汽车模型一样。当汽车能100%实现3D打印时,才是3D打印汽车的终极阶段。当然,像发动机、电子设备这些部件等短时间内采用3D打印技术的可能性不大,抛开成本因素,材料能耐受的工作温度及强度也需要检验。不过随着科技的发展,核心部件的打印未必就不能实现,未来3D打印机或许真的能成为私人造车机器。到那时,完成一辆属于自己的车,或许就像组装一个汽车模型一样简单。

当然,真正实现定制化生产并将其商业化,3D打印汽车还有不少路要走。首先要设计好不同部件的兼容性,消费者选择选装件时也能快速完成拼装;另外,之前我们提到的安全性,不光是碰撞安全,还要兼顾个性化外观可能对行人的伤害等;最后要考虑的就是法律因素了,繁杂的样式对于合法上路提出了严峻的挑战。我们可以看出,3D打印技术的发展的确为汽车生产的发展带来了积极的影响。但说3D打印将带来汽车业的变革还为时尚早。受到成本、材料等方面的制约,3D打印技术从目前到很长一段时间内,应用的范围都将朝着我们所说的小规模定制化发展。至于3D打印在汽车领域的大规模商业化,或许需要很长时间才能到来。传统的制造和销售模式,是在工厂里通过流水线作业,将产品生产制造出来,然后通过线上的电商平台、线下的销售渠道(批发商、零售商)将产品发送到世界各地的消费者手中。传统汽车制造的主要缺点如下:

一是在设计阶段,存在大量设计作品浪费。厂家难以准确把握市场的具体需求,但又因为昂贵的开模费用,只得从众多的设计作品中挑选一个来生产,很多优秀的设计作品无法通过生产来实现价值。

二是在产品生产与流通过程中,会消耗大量的资源。在生产之前,原材料要通过物流环节运送到工厂;在生产过程中,主要采取模具铸造和机械加工等方法,其造型能力受制于所使用的工具,物体形状越复杂,制造成本越高;产品生产出之后,需要将产品运送到各地,会占用能源、交通、仓储、人力等很多资源。

三是在消费端,产品不一定能真正受到用户的喜欢。通过传统制造方式生产的产品,一般具有一定的刚性需求,但在创意、设计方面,却未必受到用户的欢迎。用户能接受,是因为没有更多的选择。特别是用户需要的个性化定制产品,传统制造方式因为成本原因很难现实。而解决传统制造业这些痼疾的最好方式,就是建立3D打印生态环境的云平台,结合3D打印“个性化定制”的优点,打造出遍布世界各地的分布式制造点。其主要理念如下:在分布式制造的基础上,产品生产的单位时间消耗变得无足轻重,1万个分布式制造点生产出单个成品,与1万个成品在1个加工厂制造,其产能一样。而且前者无需仓储、物流的环节。

在这个 3D 平台上,即使不具备建模知识,但只要有产品设计的创意,任何人都可以和设计师及时进行沟通,设计出自己想要的数字模型,然后通过 3D 打印机来实现;另一方面,这个平台必须能够确保证设计师赢利,这样设计师的创造力、创意思维才能源源不断地发挥出来。一旦解决了这些问题,互联网与制造业就可以彻底打通。有了完善的设计师平台,在人群聚集的互联网上,创新思想就可以得到实现;有了基于 3D 打印生态环境的分布式制造点,可以为制造点周边的普通用户提供个性化定制产品。

第2章　3D打印基本建模方法

随着科技的发展,获得三维模型数据的途径变得越来越多,比如三维扫描、利用软件生成三维模型、利用普通照片生成三维模型(如123DCatch)等,但要想获得自己最称心如意的三维模型,那就无法回避三维建模这个话题。目前市面上的建模软件种类很多,有专业级也有非专业级的,下面将带大家了解三维建模软件的大概分类,重点介绍逆向建模的原理与操作。

2.1　正向建模方法(软件建模)

2.1.1　Pro/Engineer

Pro/Engineer是美国PTC公司(Parametric Technology Corporation)旗下的CAD/CAM/CAE一体化的三维软件。在参数化设计,基于特征的建模方面具有独特的功能,在模具设计与制造方面功能强大,机械行业用得比较多。

2.1.2　SolidWorks

SolidWorks是世界上第一个基于Windows开发的三维CAD系统，后被法国Dassault Systems公司(开发Catia的公司)所收购。相对于其他同类产品,SolidWorks操作简单方便,易学易用,国内外的很多教育机构(大学)都把SolidWorks列为制造专业的必修课。

2.1.3　UG NX

UG NX是由美国Unigraphics Solutions(UGS)公司开发的CAD/CAE/CAM一体化的三维软件,后被德国西门子公司收购。该软件广泛用于通用机械、航空航天、汽车工业、医疗器械等领域。

2.1.4 3D Studio Max

美国Autodesk公司的3D Studio Max(前身是Discreet公司的,后被Autodesk收购)是基于PC系统的三维建模、动画制作、渲染的软件,是用户群最为广泛的3D建模软件之一。该软件常用于建筑模型、工业模型、室内设计等行业。因为其应用的广泛性,它的插件也很多,有些功能很强大,基本上满足一般的3D建模需求。

2.1.5 Maya

这是美国Autodesk公司出品的世界顶级3D软件,它集成了早年的两个3D软件Alias和Wavefront。相比于3D Studio Max,Maya的专业性更强,功能非常强大,渲染真实感极强,是电影级别的高端制作软件。应用Maya的多是从事影视广告 、角色动画、电影特技等行业。

2.1.6 Rhino

Rhino是美国Robert McNeel公司开发的专业3D造型软件,它对机器配置要求很低,安装文件才几十兆,但"麻雀虽小,五脏俱全",其设计和创建3D模型的能力非常强大,特别是在创建NURBS曲线曲面方面功能强大,受到很多建模专业人士的喜爱。

2.2 逆向建模方法——三维扫描建模

近年来,随着制造技术的飞速发展,一种新的制造概念改变了以前传统制造业的工艺过程。这种新的制造思路是:首先对现有的产品模型进行实测,获得物体的三维轮廓数据信息,再进行数据重构,建立其CAD数据模型。设计人员可在CAD模型上再进行改进和创新设计,最后获得的数据可直接输入到快速成型系统或者形成加工代码输入到数控加工中心,生成新的产品或其模具,最后通过实验验证,产品定型后再投入批量生产。这一过程被称为反求工程(逆向工程),它使产品的设计开发的周期大为缩短,其整个过程如图2-1所示。

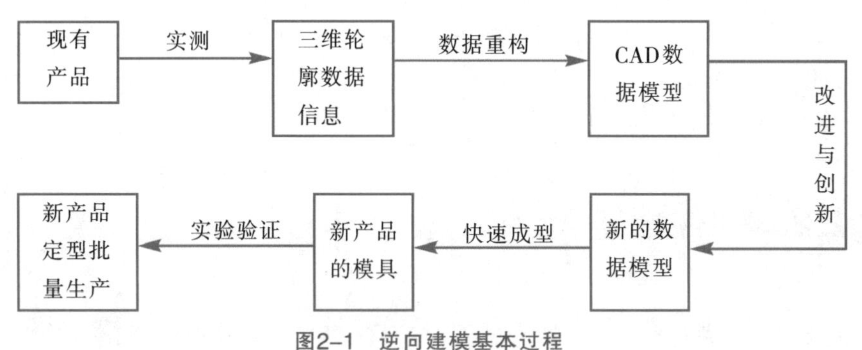

图2-1 逆向建模基本过程

反求工程系统可分为三部分:数据的获取与处理系统;数据文件自动生成系统;自动加工成型系统。其中物体三维轮廓数据的准确获取是整个反求工程的关键所在。

下面以市场常见的三维扫描仪为例进行相关介绍，具体设备为LY-3D20型三维扫描仪。

2.2.1 基本特点

该三维扫描仪是一款基于白色结构光栅三角测距原理的双目非接触式高速三维扫描仪,其特点如下:

(1)采用非接触光栅式照相扫描技术,避免了因扫描头磨损而影响精度,具有很高的稳定性。适用于橡胶类、皮革类等表面易变形物体的扫描。

(2)采用安全的白光光源,对人体无伤害,对环境要求不敏感,不需要在暗室中操作。

(3)采用混合相位技术,一次扫描一个面,既可以扫描自由形状物体,也能扫描有空洞、沟槽和断裂的表面。

(4)通过对通信和运算的优化,可以实现高达30 fps的高速面扫描(需搭载专用高速相机)。

(5)支持标志点全自动拼接,通过优化标志点识别的鲁棒性,大大提高了拼接效率和精度。

(6)支持基于物体特征的无标志点全自动拼接,这种点云自动拼接方式颠覆了传统的标志点拼接方式,可以不需要贴标志点(也可以标志点和无标志点结合使用),直接扫描合并,高效地实现外形复杂工件的快速扫描,而且拼接精度大大高于标志点拼接。另外,配合机械臂和自动转盘可以实现无值守自动扫描(需要计算机显示卡支持)。

(7)采用基于ICP(Iterative Closest Point)的世界先进全局误差校正技术,将扫描所得点云数据的公共部分中所有点进行最佳匹配运算,该算法拼合精度高、运算速度快,使工件的整体误差控制在一定范围内,解决了拼接过程中可能会出现的分层问题和全局误差校正问题,拼接精度可达0.04 mm/m。

(8)支持标准的AC点云格式(数据兼容性可更好地转换成扫描数据可输出成.asc,.ply、.stl、.obj等格式，能够直接用于ImageWare、UG、Pro/E、Geomagic、3D Studio Max等软件),生成的数据更小,更易于3D后期处理。

(9)支持分布式应用,可以实现多台扫描仪位置标定同步扫描。

(10)支持智能联动转台,可实现一键式全自动扫描。

(11)提供系统集成开发接口,支持相关模块深度定制。

(12)优化的相机标定过程,5步完成标定。

(13)软件永久免费升级。

2.2.2 硬件配置

(1)计算机(三维扫描系统的运行平台,用于三维扫描仪系统的操作、数据采集以及数据运算和显示导出）。

(2)光栅发生器(响应系统的请求投射结构光栅)。

(3)图像采集器(工业相机+专用镜头,响应系统的请求拍摄图像)。

(4)线缆(负责系统通信传输和信号触发)。

(5)三脚架(固定支撑三维扫描系统的硬件支架)。

(6)标定板(用于系统精度标定的标准测量件)。

(7)标志点(用于基于标志点自动拼接的识别标志物)。

(8)其他辅助配件。

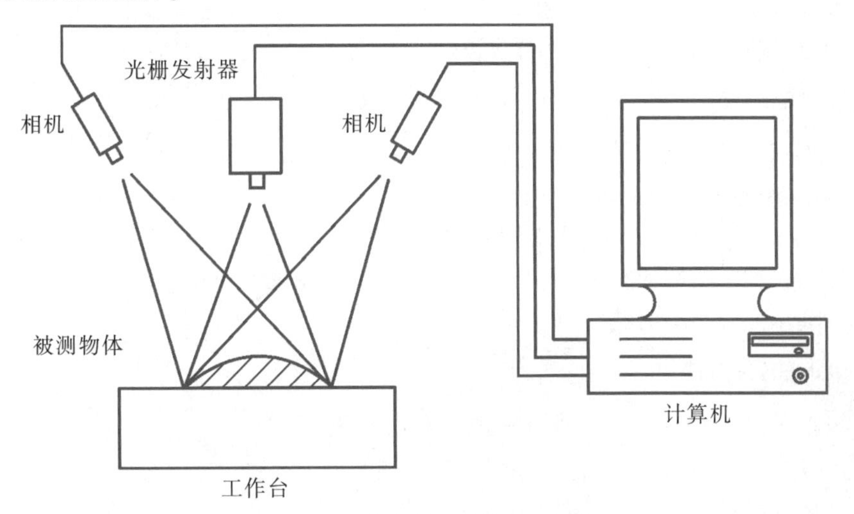

图2-2 三维扫描仪系统基本构成

2.2.3 系统需求

处理器:推荐64-bit(X64)或32-bit(X86)处理器。

内存:4G或4G以上。

传输:独立USB 2.0/3.0传输总线。

存储:高速IO存储硬盘。

显卡:NVIDIA显卡(支持Fermi架构,推荐GT650以上2G独立显存)。

系统:推荐Windows7 64位(也可是Windows XP或Windows 7 32/64位)。

2.3 Geomagic Studio 逆向建模基本介绍

2.3.1 Geomagic Studio 功能介绍

Geomagic Studio 提供业界最全面的逆向解决方案,可将三维扫描数据和多边形网格转换为精确的曲面化三维数字模型,以用于逆向工程、产品设计、快速成型和分析。作为

将三维扫描数据转换为参数化 CAD 模型和三维 CAD 模型的最快速的方法,Geomagic Studio 提供了四个处理模块,分别是扫描数据处理(Capture)、多边形编辑(Wrp)、NURBS 曲面建模(Shape)、CAD 曲面建模(Fashion)。

1. 扫描数据处理

- 处理大型三维点云数据集。
- 从所有主要的三维扫描仪和数字化仪中采集点数据。
- 优化扫描数据(通过检测体外孤点、减少噪音点、去除重叠)。
- 自动或手动拼接与合并多个扫描数据集。
- 通过随机点采样、统一点采样和基于曲率的点采样降低数据集的密度。

2. 多边形编辑

- 根据点云数据创建精确的多边形网格。
- 修改、编辑和清理多边形模型。
- 一键自动检测并纠正多边形网格中的误差。
- 检测模型中的图元特征(例如圆柱、平面)以及在模型中创建这些特征。
- 自动填充模型中的孔。

3. NURBS曲面建模

- 根据多边形模型一键自动创建完美的 NURBS 曲面。
- 通过绘制的曲线轻松创建新的曲面片布局。
- 根据公差自适应拟合曲面。
- 创建模板以便对相似对象进行快速曲面化 。
- 输出尖锐轮廓线和平面区域 。
- 使用向导对话框来检测和修复曲面片错误。
- 将模型导出成多种行业标准的三维格式(包括 IGES、STEP、VDA、NEU、SAT)。

4. CAD曲面建模

- 根据网格数据自动拟合以下曲面类型:平面、柱面、锥面、挤压面、旋转曲面、扫描曲面、放样曲面和自由形状曲面。
- 自动提取扫描曲面、旋转曲面和挤压面的优化的轮廓曲线。
- 使用现有工具和参数控制曲面拟合。
- 自动扩展和修剪曲面,以便在相邻曲面间创造完美的锐化边界。
- 无缝地将参数化曲面、实体、基准和曲线传输到 CAD 中,以便自动构建自然的几何形状。

2.3.2 Geomagic Studio 工作界面

在桌面上双击或在开始菜单中选择并打开 Geomagic Studio 12 软件，进入 Geomagic Studio12 工作界面,如图 2-3 所示。

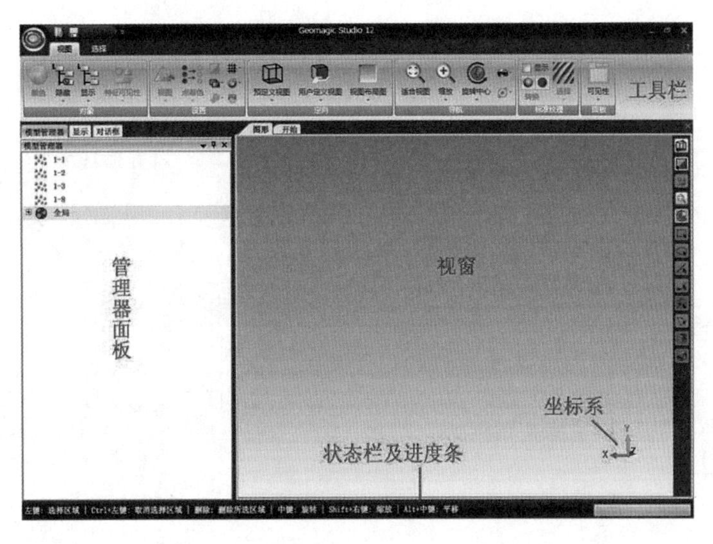

图2-3　Geomagic Studio 12工作界面

从图 2-3 中可以看出，Geomagic Studio 12 的基本工作界面大体分为工具栏、管理器面板、三维视窗、状态及进度条、坐标系几大块。

- 视窗：显示当前工作对象，在视窗里可做选取工作。
- 工具栏：不同于菜单栏，工具栏提供的是常用命令的快捷按钮。
- 管理器面板：包含了管理器的按钮，允许控制用户界面的不同项目。
- 状态栏：给用户提供信息：系统正在做什么和用户能执行什么任务。
- 坐标系：显示坐标轴相对于模型的当前位置。

2.3.3　Geomagic Studio 鼠标操作及快捷键

同很多三维造型软件一样，Geomagic Studio 12 的操作方式也是以鼠标为主，键盘为辅。将鼠标的左中右 3 个键分别定义为 MB1、MB2、MB3 加以说明，其中 MB2 是将滚轮按下还是滚动视具体情况而定。

鼠标操作主要是三维模型的旋转、缩放、平移、对象的选取等。

- 模型旋转：按住鼠标滚轮进行拖动（MB2）。
- 模型缩放：滚动鼠标滚轮（MB2）。
- 平移模型：按住 Alt 和鼠标滚轮进行滑动（MB2）。
- 按住 Ctrl、Shift、Alt+鼠标右键（MB3）分别进行旋转、缩放、平移。

键盘操作主要运用快捷键全屏显示、设置旋转点、选项设置等。表 2-1 为 Geomagic Studio 软件的一些基本快捷键。

表 2-1 Geomagic Studio 软件基本快捷键

热　　键	命 令 详 解
Ctrl + N	新建项目
Ctrl + O	打开项目
Ctrl + S	保存项目
Ctrl + Z	撤销上一次操作
Ctrl + Y	重复上一次操作
Ctrl + D	拟合模型到窗口
Ctrl + X	选项设置
Ctrl + A	全部选择
Ctrl + C	取消选择
Ctrl + U	多折线选择
Ctrl + P	画笔选择工具
Ctrl + T	矩形框选择工具
F2	单独显示
F3	显示下一个
F4	显示上一个
F5	全部显示
F6	只选中列表
F7	全部不显示
Ctrl+左键框选	取消选择部分

2.3.4 Geomagic Studio 工具栏命令详解

1. 视图控制

(1)设置旋转点 。设置一个旋转球的中心,当随意设置一点后,接下来的模型旋转,会绕着该点进行;切换动态旋转中心则是以每次开始旋转,鼠标单击位置为旋转中心;重置旋转中心则是将旋转点恢复到物体的质心上。

(2)缩放模型 。让视窗内的对象充满整个屏幕、框选放大、缩小、放大视图。

(3)预定义视图 。每个视图相对于全局坐标轴的不同视角。

2. 选择工具

使用选择工具, (自由折线工具、矩形工具、椭圆工具、线工具、画笔工具、套索工具)。选择工具有两个选项:是否贯穿 和背景模式 。以脚的三角网格面为例,选择贯穿则背面看不见的也会被选中,选择可见(不贯穿)则只会选中看得见的部分。封装后的点云有正反两面,关闭背景模式则只能在蓝色区域框选,不会选中黄色区域,开启则都能选中。

3. 选项设置

管理器面板包含了模型管理器、显示、对话框，如图 2–4 所示。

- 模型管理器：显示文件数目及类型。
- 显示：控制对象的显示，便于观察。
- 对话框：选取命令后有一定的选项会在这里显示。

注意：当面板框删除掉后，将它显示出来是漂浮窗口，如图 2–5 所示。

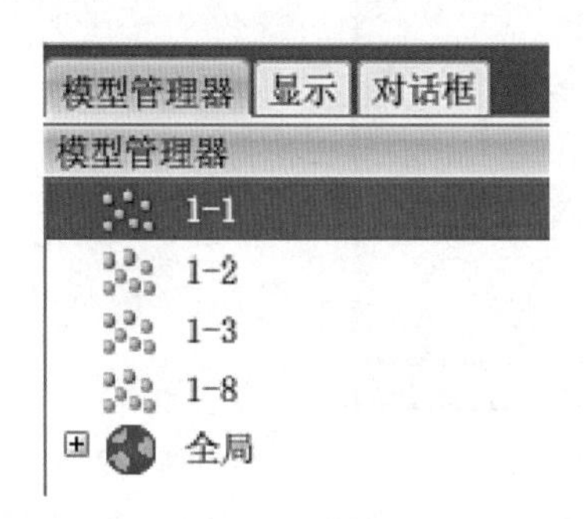

图2–4 管理器面板

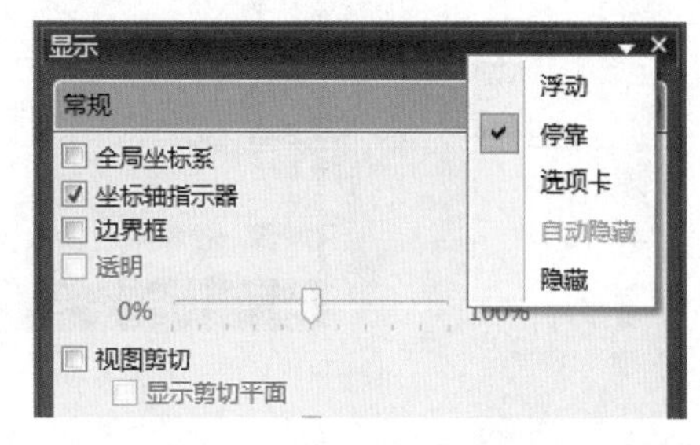

图2–5 栏目的位置移动(1)

如何将它复原：右键单击“显示栏”弹出快捷菜单，选择 Dockable(可停驻)，然后按住“显示栏”拖动到左下的小方框中进行停靠，如图2–6所示。

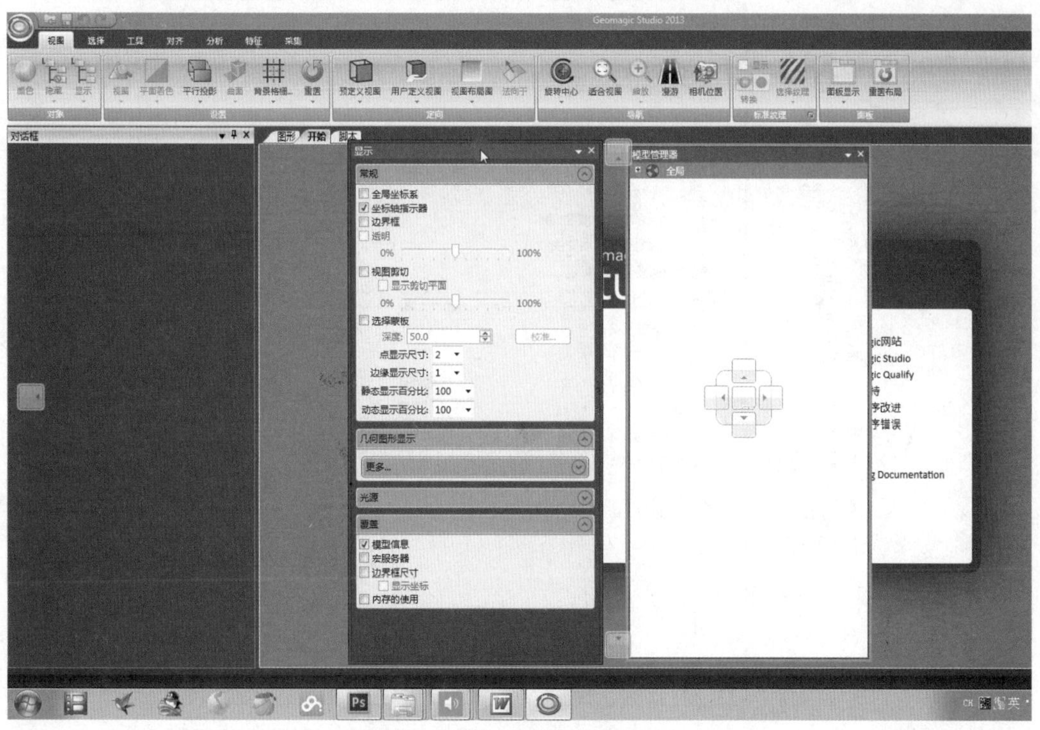

图2–6 栏目的位置移动(2)

自定义命令：单击软件左上角的 ◎ 图标，再单击“自定义”，弹出移动命令窗口，就可自定义移动命令了，如图2–7所示。

图2-7　软件导航栏

选项设置：按 Ctrl+X 键或单击软件左上角的图标，再单击“选项”，进行选项设置，如图 2-8 所示。

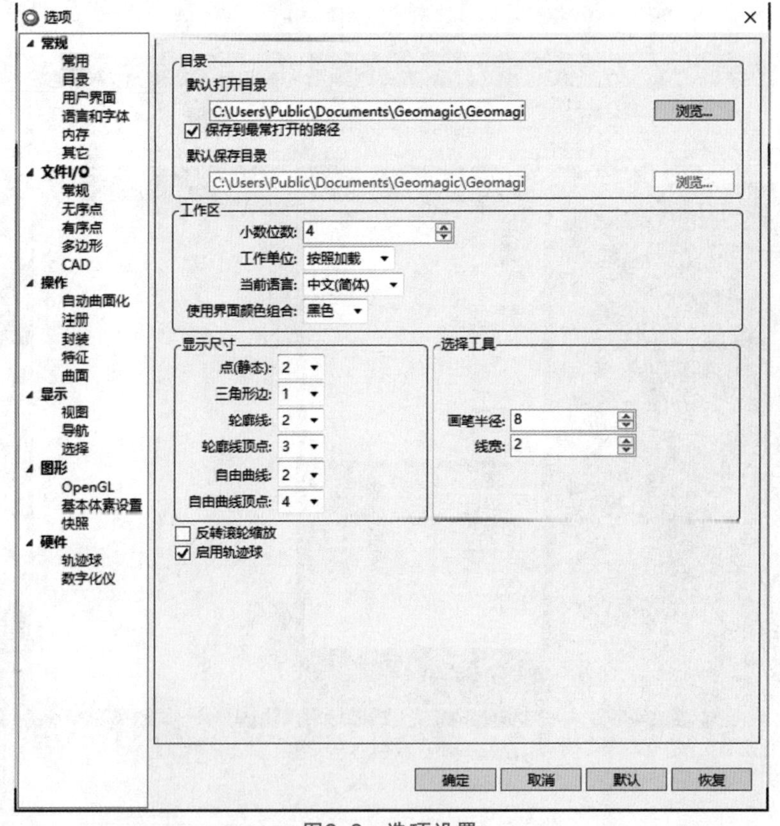

图2-8　选项设置

注意：当软件变为英文版后，单击 Ctrl+X，在 Language 中选择简体中文，然后重启软件。

2.3.5 Geomagic Studio 处理流程

Geomagic Studio 的用处是将三维扫描数据和多边形网格转换为精确的曲面化三维数字模型,其大致处理流程如图 2-9 所示。

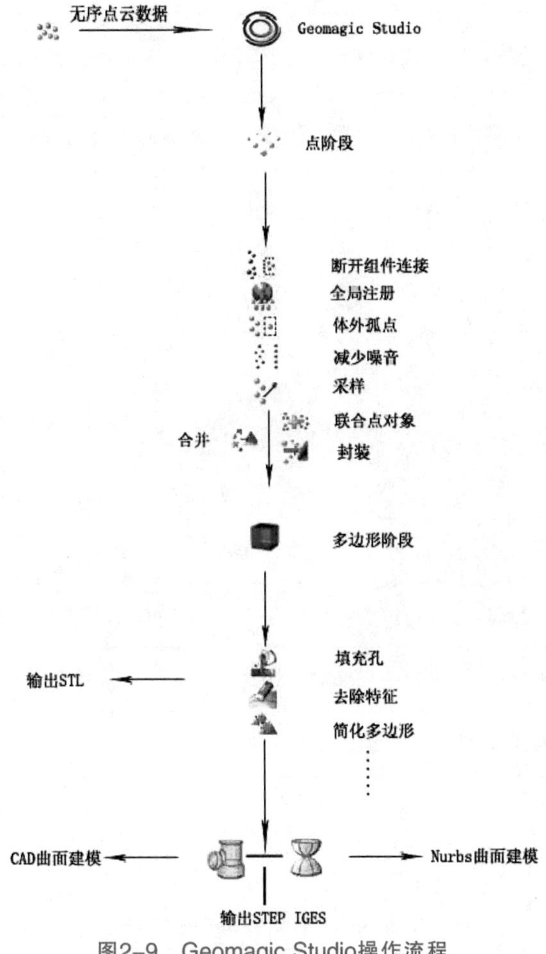

图2-9 Geomagic Studio操作流程

2.3.6 Geomagic Studio 点阶段

在点阶段,我们将改进扫描的点数据,通过点阶段的操作能快速和方便地整理点数据。噪音数据能被改进,智能的取样程序能被用来减少点数。能排除在扫描时捕获的多余的或错误的数据。改进后的点云能更快地多边形化并得到一个较高质量的多边形对象。

1. 点云编辑

点云编辑相关操作见表 2-2。

表 2-2 点云编辑操作一览表

图　标	命令及解释
	断开组件连接:选择偏离主点云的数据
	体外孤点:选择任何超出指定移动限制的点
	减少噪声:通过挤压扫描数据带(上下偏差)减少噪声点
	统一采样:减少点云的数量(稀释),也可删除重叠点云
	联合点对象:将多个点云模型联合为一个点云
	封装:将点转换成三角面

2.点云注册

点云注册相关操作见表 2-3。

表 2-3 点云注册操作一览表

图　标	命令及解释
	手动注册:通过指定点将两片点云进行简单对齐
	全局注册:对点云进行重定义对齐(进行对齐)
	合并:将多个点云数据直接封装为一个多边形模型

3.特征对齐

特征对齐相关操作见表 2-4。

表 2-4 特征对齐操作一览表

图　标	命令及解释
	直线工具:用于创建直线(点云拟合、两点建线等)
	对齐到全局:将扫描点云对齐到世界坐标系下
	探测球体目标:用于探测点云上的球体目标
	目标注册:根据已知球体目标进行注册配对
	清除目标:清除球体点云或目标

2.3.7 Geomagic Studio 多边形阶段

Geomagic Studio 多边形阶段相关操作有：三角网格面基本处理、三角网格面高级处理、基于探测曲率构造曲面、基于探测轮廓线构造曲面、形状阶段的高级编辑。

1. 三角网格面基本处理

三角网格面基本处理的相关操作见表2-5。

表2-5 三角网格面基本处理一览表

图 标	命令及解释
	填充孔：探测并填补多边形模型的孔洞
	去除特征：删除选择的三角形并填充产生的孔
	网格医生：自动修复多边形网格内的缺陷
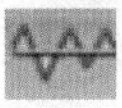	编辑边界：修改多边形模型的边界
	简化：减少三角面的数量，但不影响曲面的形状或颜色
	松弛/砂纸：最大限度减少单独多边形间的角度

2. 三角网格面高级处理

三角网格面高级处理相关操作见表2-6。

表2-6 三角网格面高级处理一览表

图 标	命令及解释
	锐化向导：对多边形的曲率较大处进行锐化
	有界组件：删除选择的三角形并填充产生的孔
	拟合孔：根据边界拟合为孔
	平面截面：使用平面截取多边形，形成规则的平面边

3. 基于探测曲率构造曲面

基于探测曲率构造曲面的相关操作见表2-7。

表 2-7　基于探测曲率构造曲面操作一览表

图　标	命令及解释
	精确曲面：将多边形阶段转换为形状阶段
	探测曲率：在高曲率区生成轮廓线
	升级/约束：修改曲面片线、轮廓线
	构造曲面片：轮廓线与边界线产生一个曲面片边界结构
	移动面板：重新排列曲面片
	松弛轮廓线或曲面片：沿轮廓线长度放松张力，使其光顺
	修理曲面片：对有问题的曲面片进行检查和修复
	构造格栅：对曲面自动参数化，由稠密的四边形构成
	拟合曲面：在对象上自动生成一个 NURBS 曲面

4. 基于探测轮廓线构造曲面

基于探测轮廓线构造曲面的相关操作见表 2–8。

表 2-8　基于探测轮廓线构造曲面操作一览表

图　标	命令及解释
	探测轮廓线：探测曲率变化较大区域，再进行轮廓线抽取
	编辑轮廓线：修改轮廓线和扩展结构
	细分或延伸：对轮廓线进行编辑，包括细分和延伸
	构造曲面片：轮廓线与边界线产生一个曲面片边界结构
	压缩曲面片层：移除或细分整行曲面片
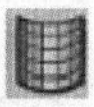	构造格栅：对曲面自动参数化，由稠密的四边形构成
	拟合曲面：在对象上自动生成一个 NURBS 曲面

5. 形状阶段高级编辑

形状阶段高级编辑操作见表 2–9。

表 2-9 形状阶段的高级编辑操作一览表

图　标	命令及解释
	指定尖角轮廓:对多边形的曲率较大处进行锐化
	最佳拟合:删除选择的三角形并填充产生的孔
	曲面片模版:根据点云拟合为平面
	裁剪:使用平面截取多边形,形成规则的平面边界

2.3.8 Geomagic Fashion 阶段

Geomagic Fashion 阶段的相关操作见表 2-10。

表 2-10 Geomagic Fashion 阶段相关操作一览表

图　标	命令及解释
	构造参数化曲面:用于切换到参数化曲面构造阶段
	检查区域:根据曲率变化划分每块区域
	编辑轮廓线:用于添加、修改及移除轮廓线
	区域分类:用于制定每块区域的构造曲面类型
	拟合曲面:根据区域类型拟合相应曲面
	拟合连接:用于拟合面与面之间的倒圆
	修剪并缝合:生成的曲面进行裁剪或缝合,导出 CAD 模型
	参数交换:与通用 3D 软件进行参数曲面的交互

2.4 LY-3D20三维扫描仪操作向导与实例

2.4.1 界面介绍与功能说明

1.打开设备并选择工作目录(Ctrl+O键)

扫描仪的操作界面及工具栏中工具名称如图2-10所示。

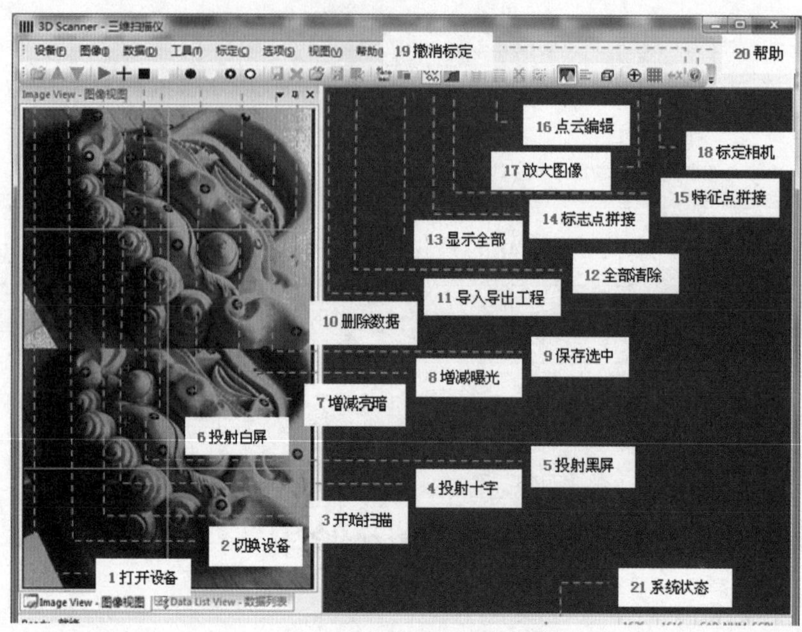

图2–10 扫描仪基本界面

单击“打开设备”按钮，选择用于存储数据的工作目录，完成操作，如图2–11所示。

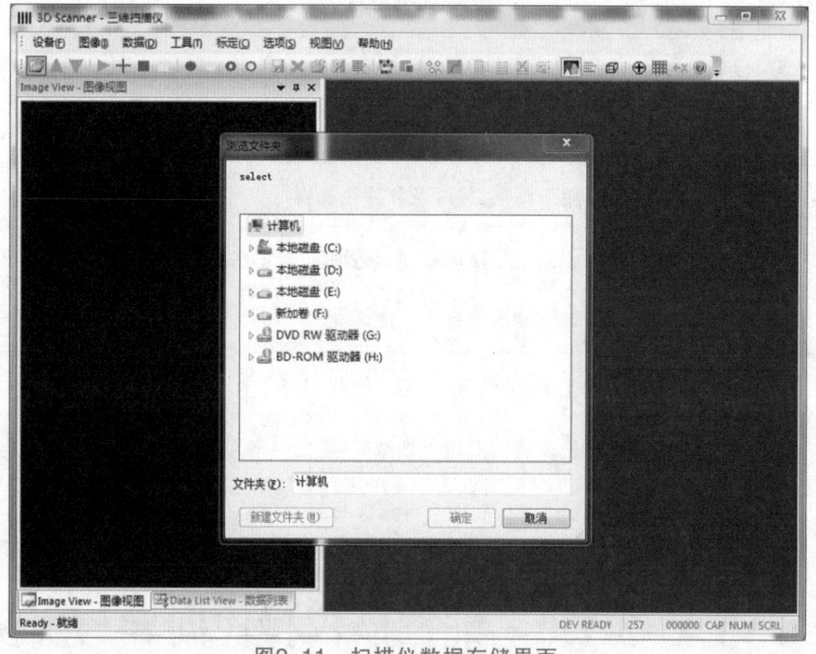

图2–11 扫描仪数据存储界面

2.切换设备(Ctrl+M/N键)

当系统接入两组或两组以上相机(四目或多目系统)，单击“切换设备”按钮，可在各组相机间进行切换，切换成功后状态栏会提示当前接入的组序号。

3.开始扫描(Space键)

单击“开始扫描”按钮，开始执行扫描，如图2–12所示。

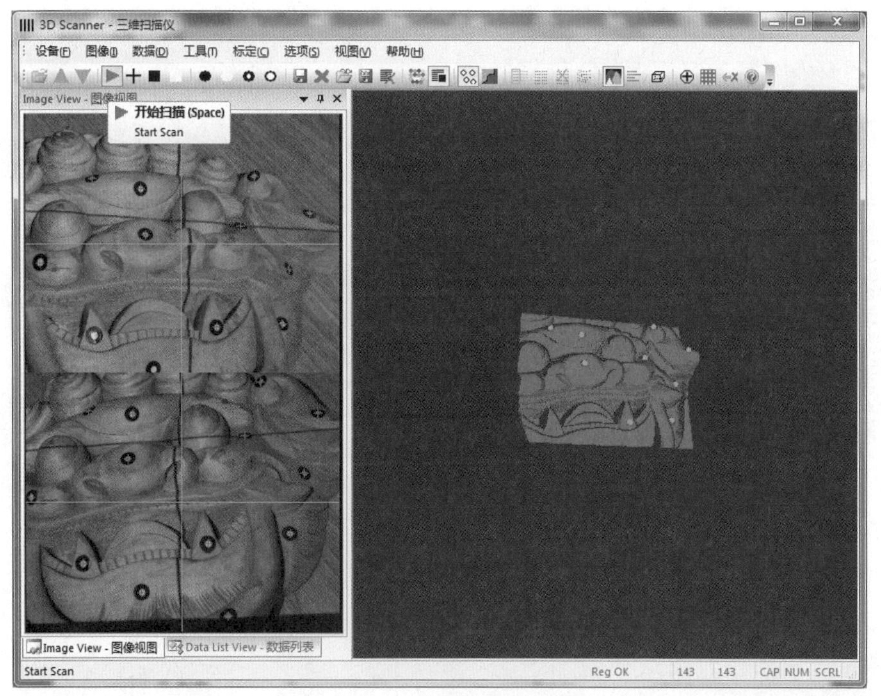

图2-12 扫描开始执行界面

4.投射十字(Ctrl+P键)

单击“投射十字”按钮,则在被扫描物体表面投射十字(绿色十字为相机参考线,灰色十字为光栅发生器参考线,通过两个十字的重合度来判断扫描距离是否合适),如图2-13所示。

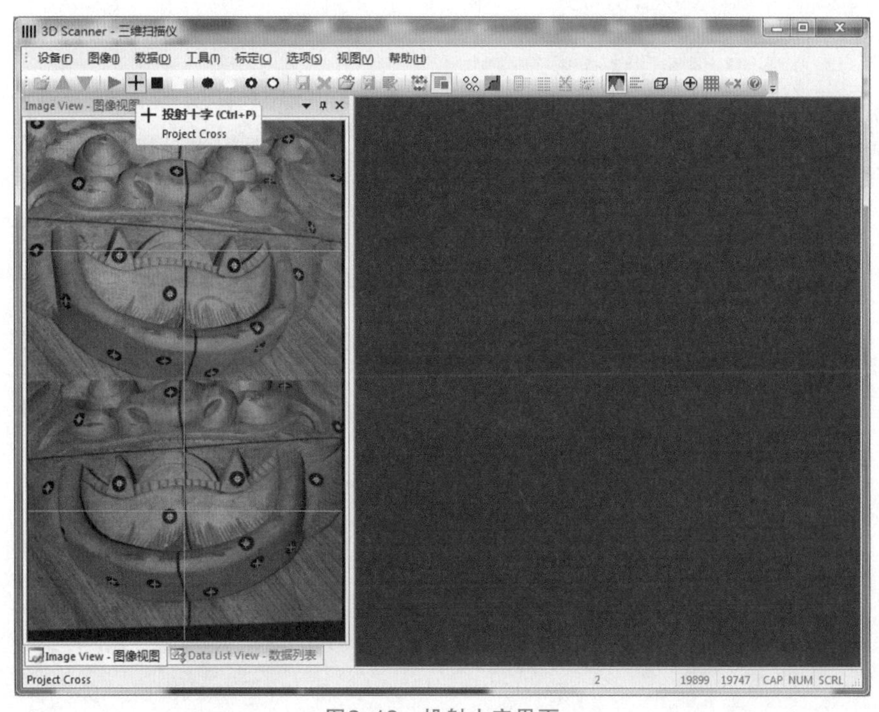

图2-13 投射十字界面

5.投影黑屏(Ctrl+F键)

单击"投射黑屏"按钮,则投射黑屏。此功能是用于IC相机高速扫描人脸时,投射黑屏以避免人眼过长时间被白光照射 (只在拍摄时0.4秒内投光以获得更好的用户体验)。

6.投射白屏(Ctrl+H键)

单击"投射白屏"按钮,则投射白屏。此功能可用于取消投射十字。

7.增减亮暗(Left/Right键)

单击"增减亮暗"按钮,通过左右键来调整亮暗(以清晰识别物体轮廓为最佳)。

8.增减曝光(Ctrl+Up/Down键)

单击"增减曝光"按钮,可调整曝光时间(系统默认设置了三挡经验值,根据扫描环境来决定使用合适的挡位)。

9.保存当前选中数据(Ctrl+S键)

单击"保存选中"按钮,则保存数据列表中当前选中的点云数据(xx_xxx.ac)。

10.删除数据(Ctrl+D键)

单击"删除数据"按钮,则删除数据列表中当前选中的点云数据。

11.工程导入/导出

单击"工程导入/导出"按钮,当扫描工作进行一部分后,可以导出扫描工程,以便稍后导入扫描工程继续扫描(系统默认自动保存扫描工程时,随时可以导入扫描工程进行查看和继续扫描),如图2-14所示。

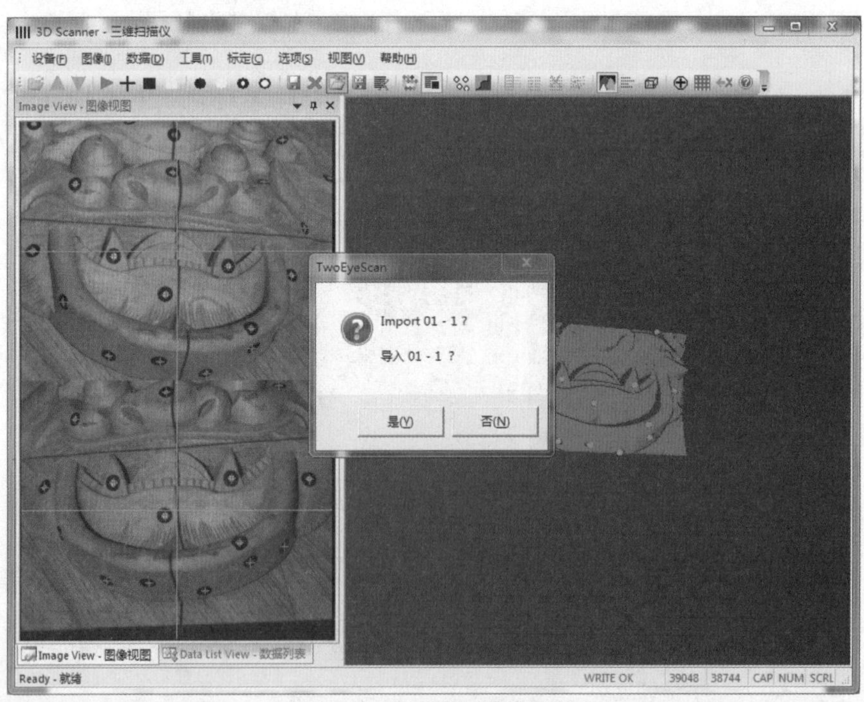

图2-14 工程导入/导出界面

12.全部清除(Ctrl+C键)

单击“全部清除”按钮,则清除当前扫描工程(清除的扫描工程不会丢失,可以通过导入工程来调用查看或继续扫描),如图2–15所示。

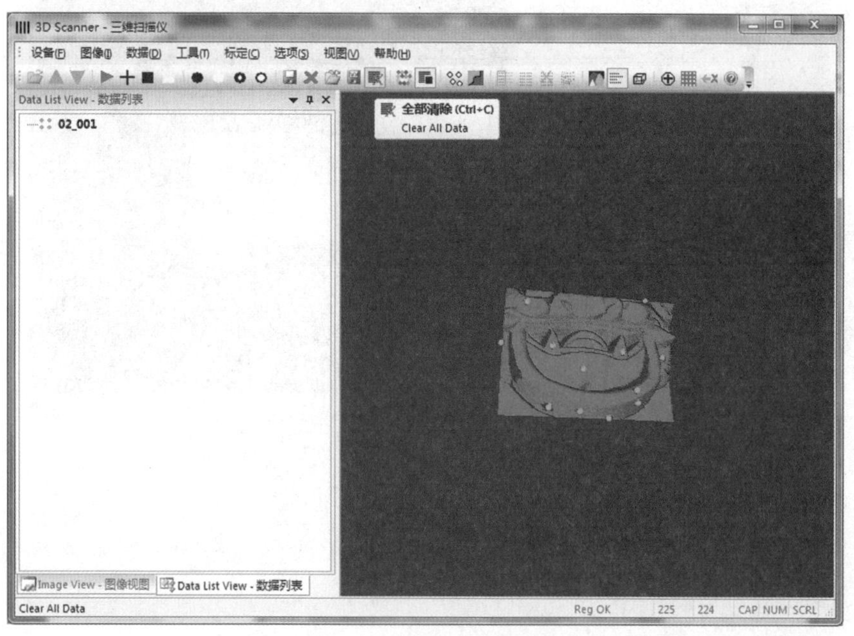

图2–15 全部清除界面

13.显示全部(Ctrl+A键)

单击“显示全部”按钮,用于切换显示当前扫描工程的全部数据还是当前数据(图标选中时为显示全部数据,不选中时显示当前数据),如图2–16、图2–17所示。

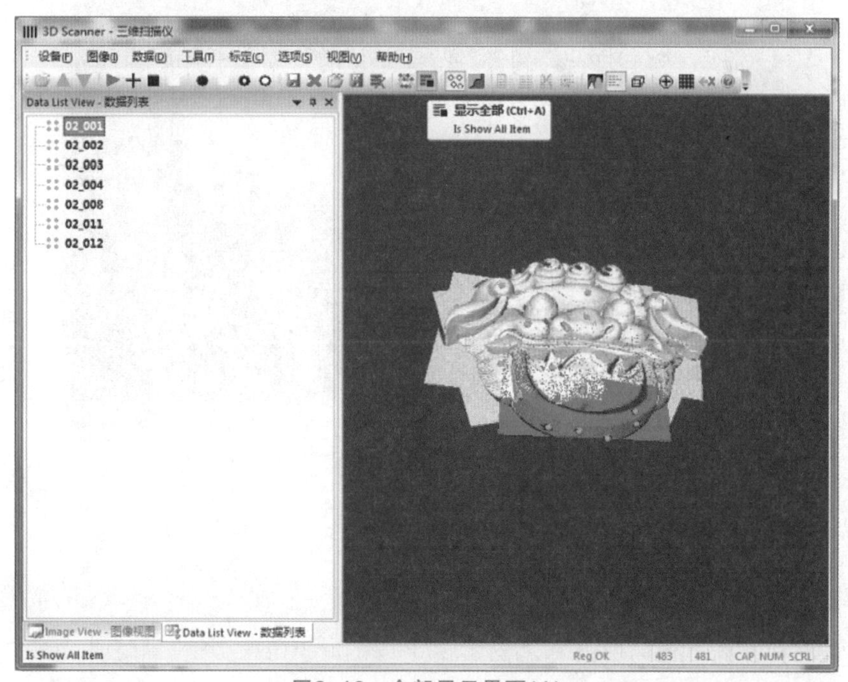

图2–16 全部显示界面(1)

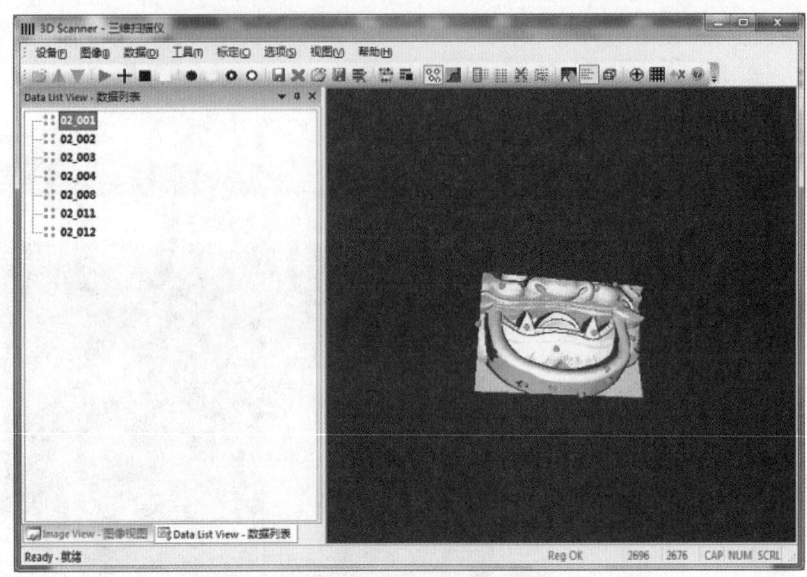

图2-17　全部显示界面(2)

14.标志点拼接

单击"标志点拼接"按钮,可切换到标志点拼接模式(扫描时借助于贴在物体或是背景上的标志点进行点云自动拼接，标志点拼接时左右相机最少需要同时识别到5个公共标志点),如图2-18所示。

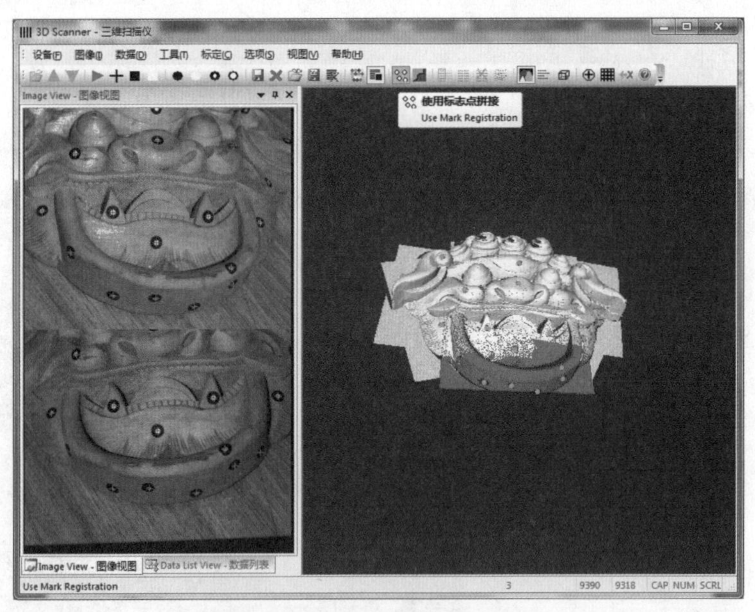

图2-18　标志点拼接显示界面

标志点拼接时要注意以下几个问题:

(1)标志点要贴在物体上平面区域。

(2)标志点不要贴在一条直线上。

(3)每相邻两点之间的公共标志点至少为4个,由于图像质量、拍摄角度等多方面原因,有些标志点不能被正确识别,因而建议用尽可能多的标志点,一般6~8个即可。

15.特征点拼接

单击“特征点拼接”按钮，可切换到特征点自动拼接模式，如图2-19所示。这种模式扫描时不需要贴标志点，它基于物体自身的特征进行自动拼接。对于一些不容易贴标志点和特征非常复杂的物体的扫描，这种模式非常高效方便。与转盘和高速IC相机一起配合扫描效率最佳，每旋转15°进行次特征拼接，配合电动转盘或机械臂可实现无值守扫描。

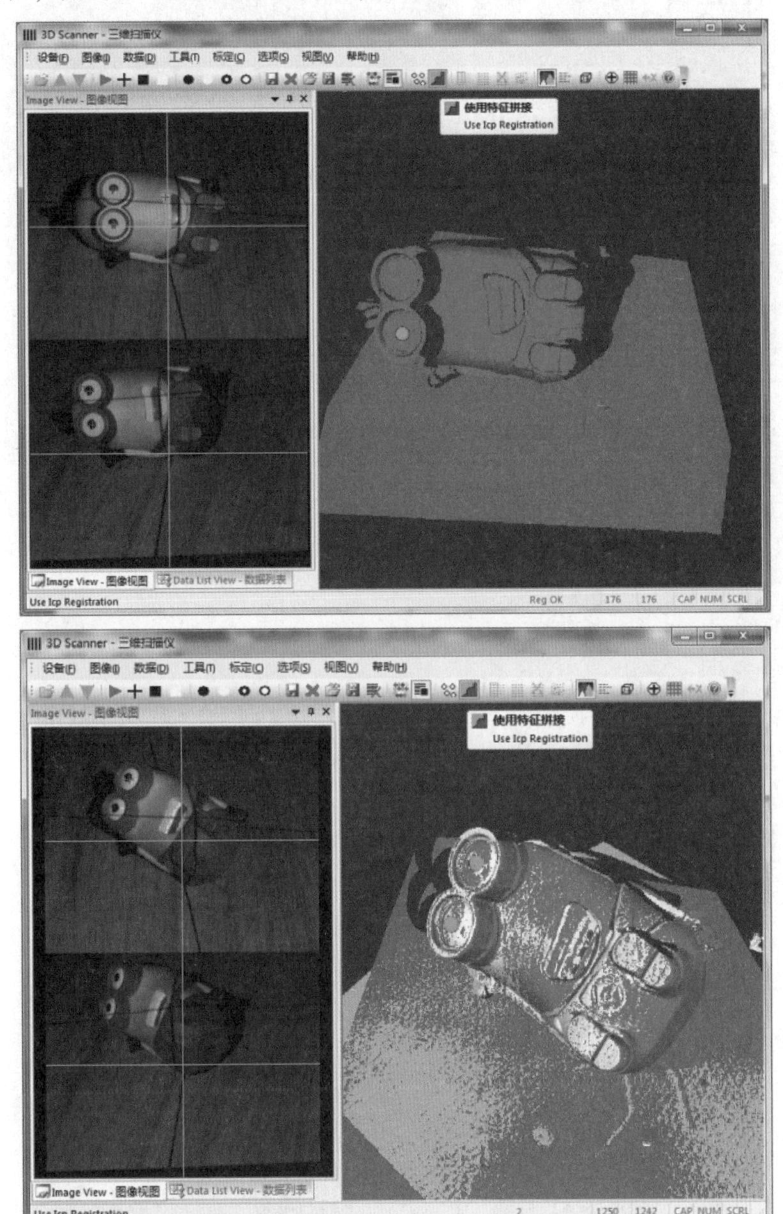

图2-19　特征点拼接显示界面

16.点云编辑

对点云进行编辑，必须先选中要编辑的点云。通过单击“选择全部”(Ctrl+A)按钮，可选中全部点云，再单击，则取消选择全部；通过鼠标可框选需要编辑的点云区域(反向选择快捷键是Ctrl+R，取消选择快捷键是Ctrl+Z)。对选中的点云可进行编辑，删除选中快捷键是Ctrl+D，删除碎片快捷键是Ctrl+V（可进行因扫描噪声引起的孤立点删除，如图2-20所示）。

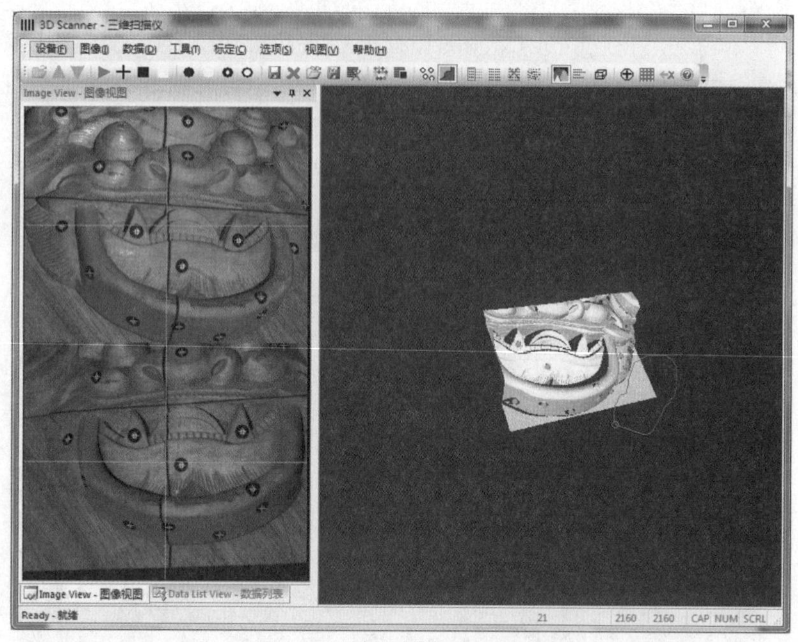

图2-20　点云编辑显示界面

17.放大中心图像

单击“放大中心图像”按钮，可放大图像，以便于调试标定相机时更加精确地对焦。

18.相机标定

步骤1　将标定板水平放置并与相机视角方向保持垂直；单击“投射十字”按钮，调整三脚架与标定板距离，使得绿色十字与灰色十字调整至重合，然后尽量使绿色十字与标定板的中线重合，如图2-21所示。

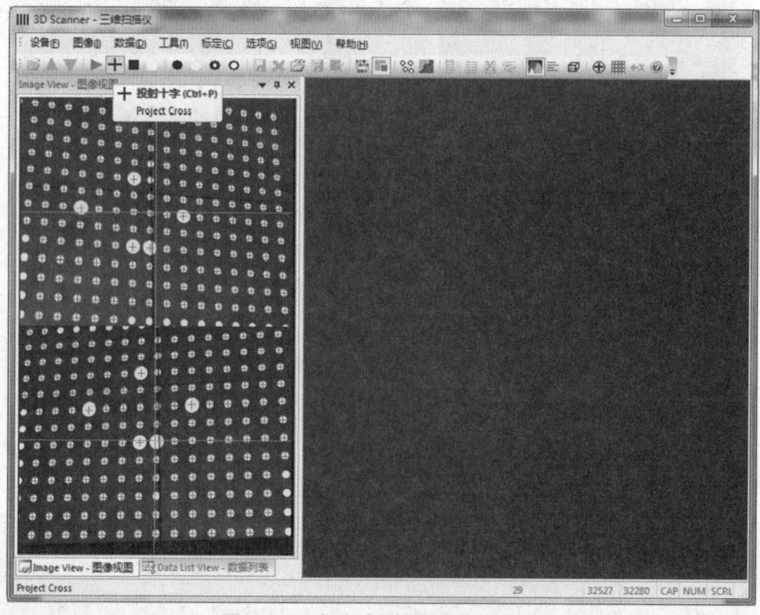

图2-21　相机标定显示界面(1)

步骤2 单击“投射白屏”按钮，如图2-22所示，取消投射十字，然后单击“增减亮暗”(Left/Right)按钮调节亮暗到可以识别到所有的标定点。

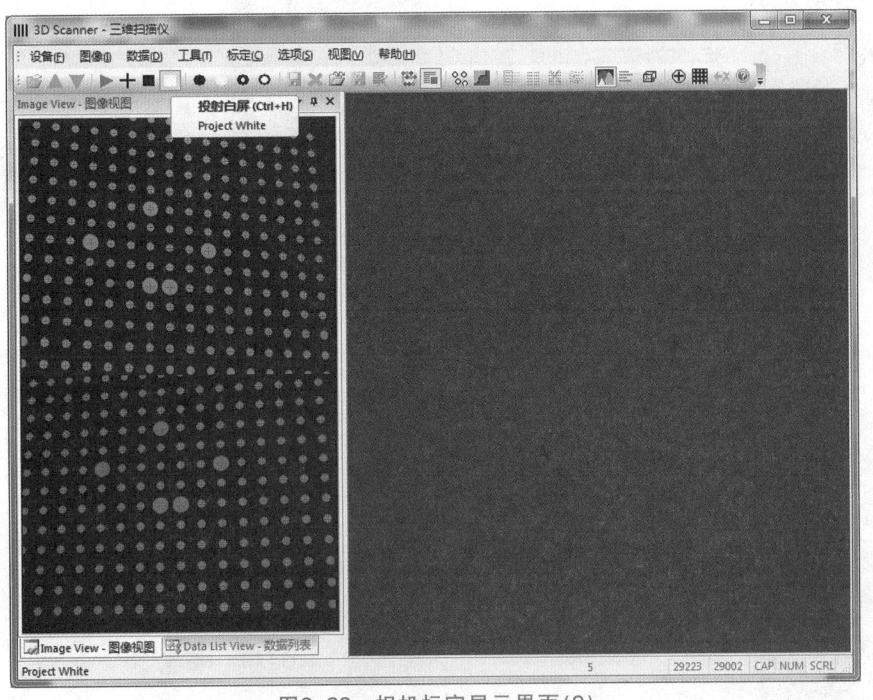

图2-22 相机标定显示界面(2)

步骤3 单击“相机标定”按钮，如图2-23所示，开始标定，然后按提示选择适当的标定板型号（标定板的选择原则是以标定板的全部标志点刚好被左右相机全部识别到为最佳）。

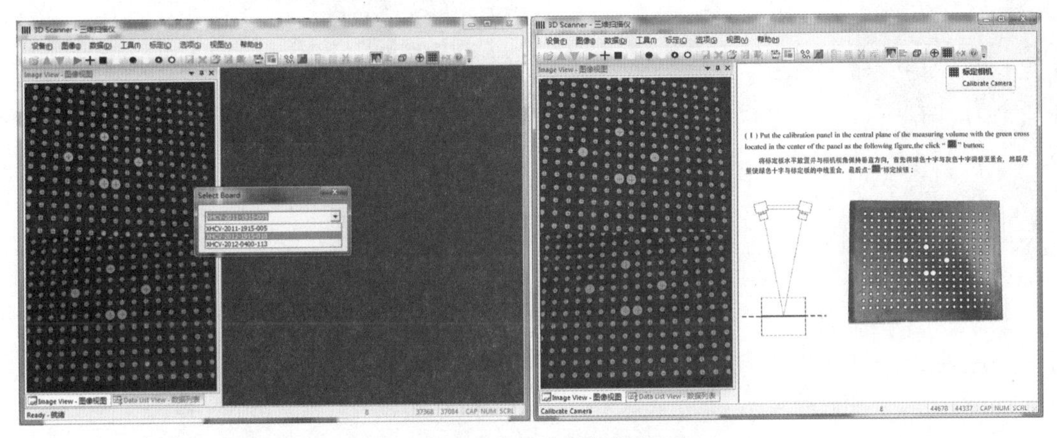

图2-23 相机标定显示界面(3)

步骤4 按照相机标定向导提示，依次单击“相机标定”按钮，完成标定(可以通过“撤销标定”按钮来撤销标定)，如图2-24所示。

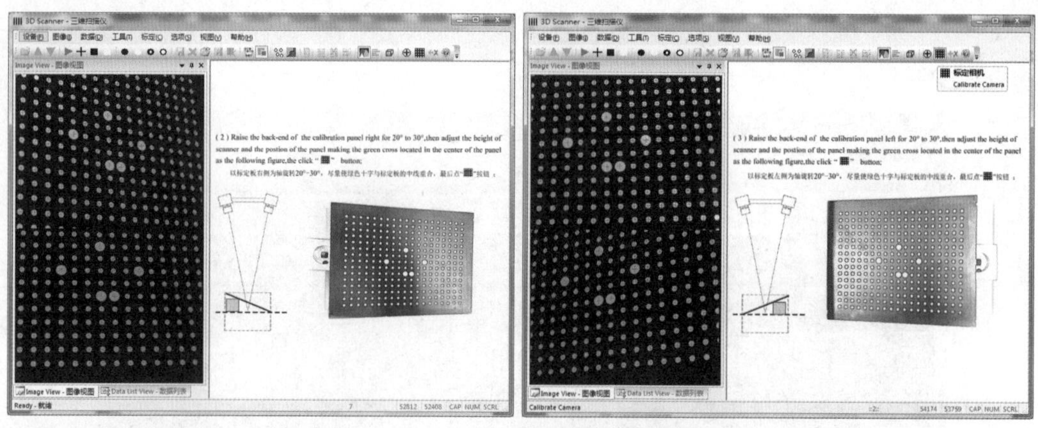

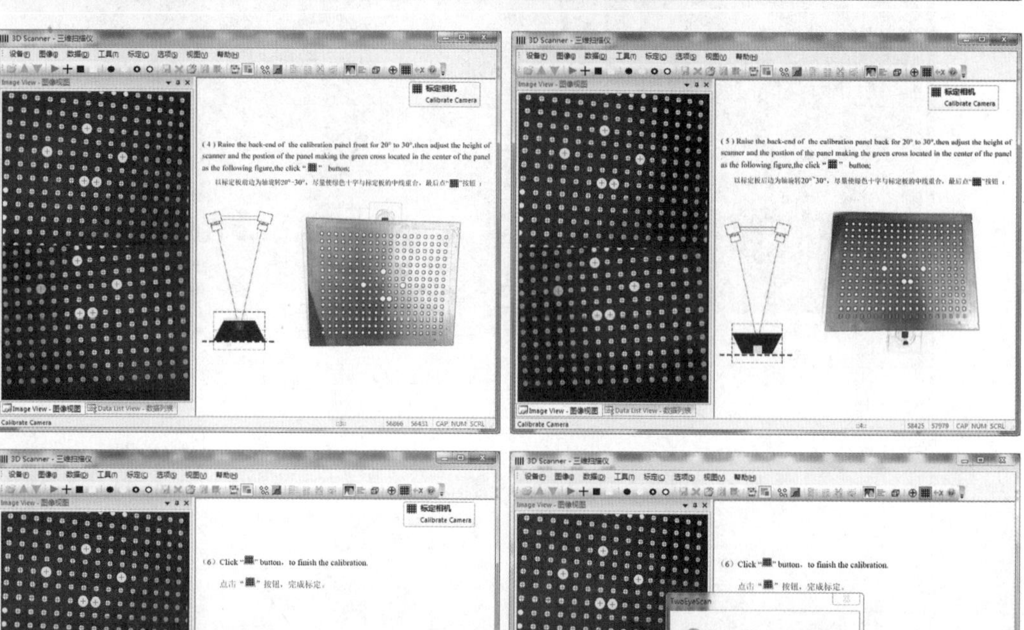

图2-24　相机标定显示界面(4)

注意：系统每次调整后，或设备长途运输，或使用过程中发生严重震动等，都要重新定标，以保证设备的精度。

19.帮助信息

单击“帮助信息”按钮，将显示授权及加密锁信息。

20.自定义快捷键

执行系统菜单中的“视图”→“工具栏和停靠窗口”→“自定义”→“keyboard”，可以根据自己的使用习惯进行快捷键自定义，如图2-25所示。

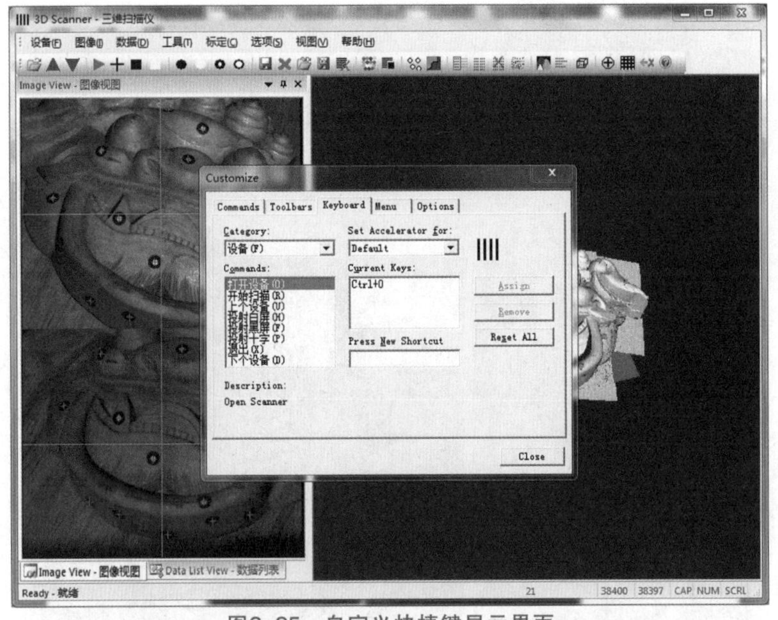

图2–25　自定义快捷键显示界面

2.4.2　扫描实例演示

步骤1　把加密狗插入计算机USB接口。

步骤2　把三维扫描仪相机的USB通信线缆接入计算机USB接口。

步骤3　开启光栅发生器电源。

步骤4　保证良好的光源环境和稳固的扫描平台。

步骤5　打开系统根目录，执行TwoEyeScan.exe文件，启动三维扫描系统。

步骤6　单击“打开设备”(Ctrl+O)按钮，初始化设备及配置参数，并选择工作存储目录，如图2–26所示。

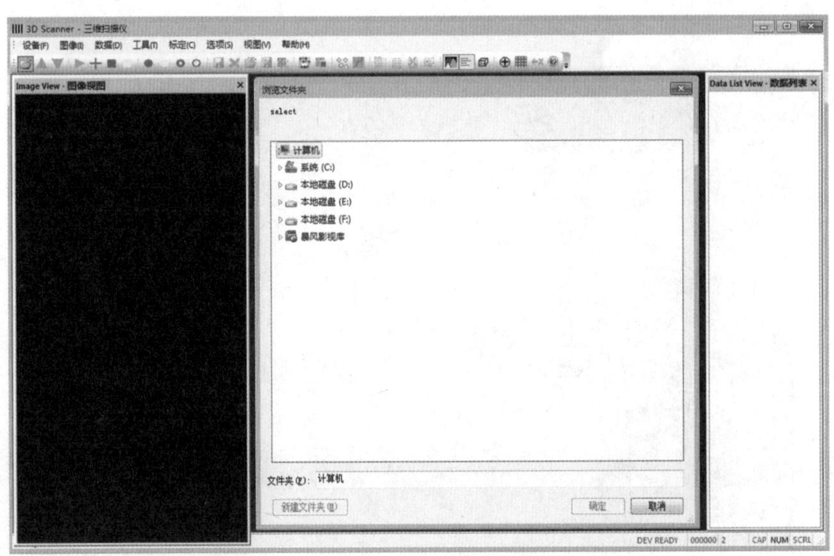

图2–26　定义存储目录

步骤7　单击“投射十字”(Ctrl+P),在被扫描物体表面投射十字(绿色十字为相机参考线，灰色十字为光栅发生器参考线，通过两个十字的重合度来判断扫描距离是否合适),如图2–27所示。如果灰色十字模糊不清可以通过光栅发生器的聚焦旋钮来调整至清晰为止。

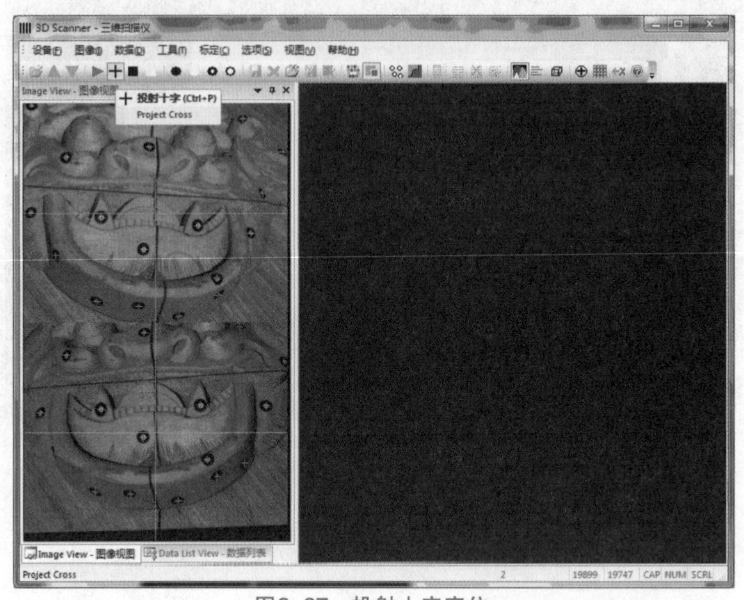

图2–27　投射十字定位

步骤8　单击“增减亮暗”(Left/Right)按钮,通过左右键来调整亮暗(以清晰识别物体轮廓为最佳)；系统默认提供了三挡曝光时间的经验值，根据扫描物体类型和材质的不同,通过单击“增减曝光”(Ctrl+Up/Down)按钮来选择合适的挡位。一般扫描暗色物体时推荐最大曝光时间挡,扫面部时推荐最小曝光时间挡。

步骤9　系统提供标志点和基于特征的无标志点两种自动拼接方式，根据需要选择即可。

下面举两个例子来演示扫描。

实例1　使用标志点拼接方式来扫描图2–28所示狮子木雕模型。

图2–28　三维扫描模型与标志点位置

步骤1　单击“标志点拼接”按钮，切换到标志点拼接模式。

步骤2　在模型上贴标志点(尽量没有规律地在模型上贴标志点，规划好扫描流程)。

标志点拼接时要注意以下几个问题：

(1)标志点要贴在物体上的平面区域。

(2)标志点不要贴在一条直线上。

(3)每相邻两次之间的公共标志点至少为4个，由于图像质量、拍摄角度等多方面原因，有些标志点不能正确识别，因而建议用尽可能多的标志点，一般6~8个即可。

步骤3　单击“开始扫描”(Space)按钮，开始执行扫描如图2-29、图2-30所示。

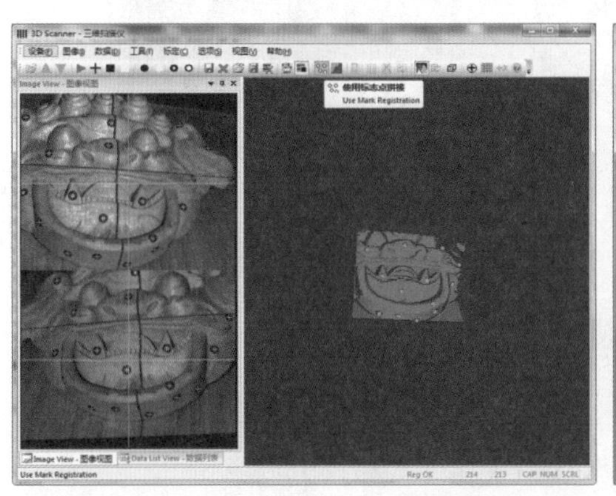

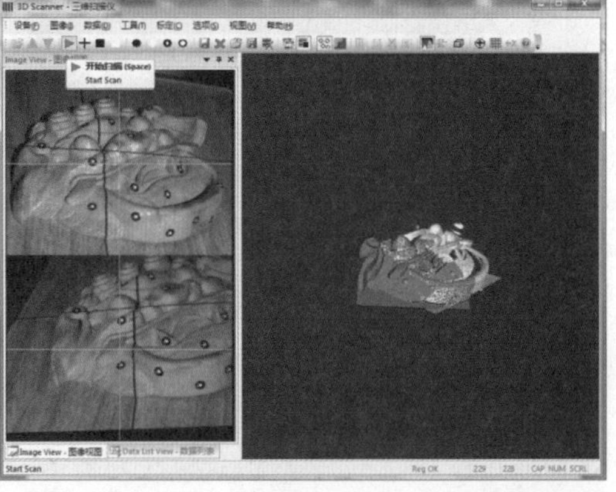

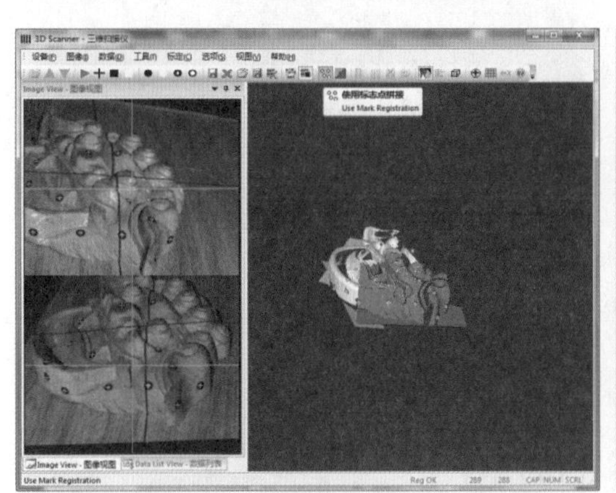

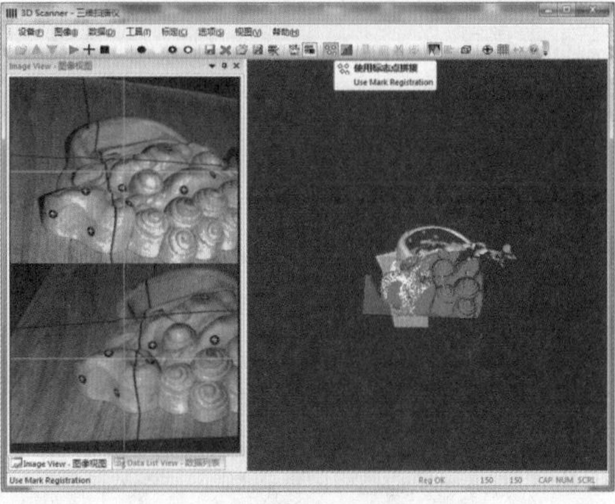

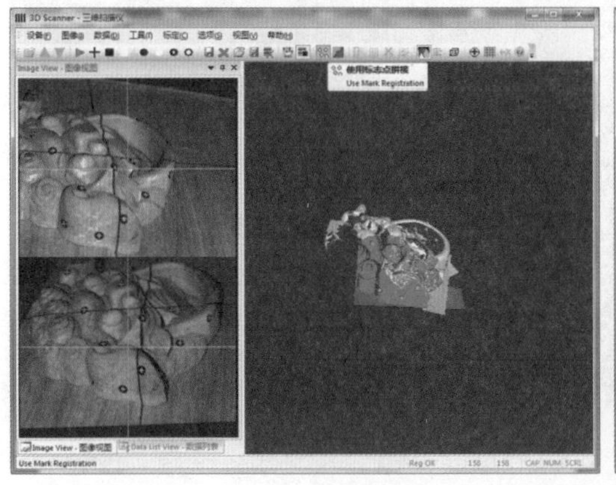

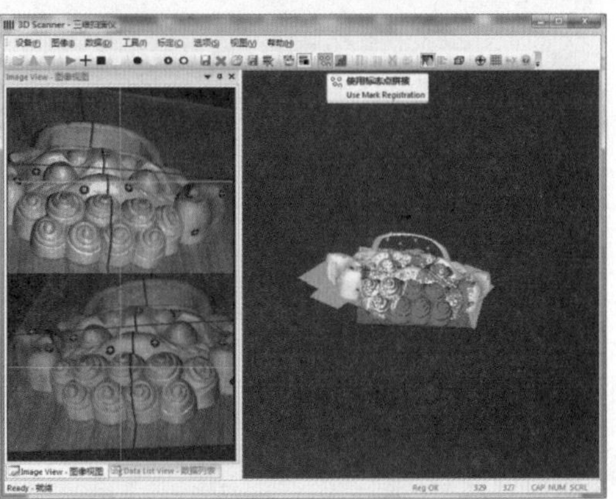

图2-29　三维扫描开始后的整个扫描过程(1)

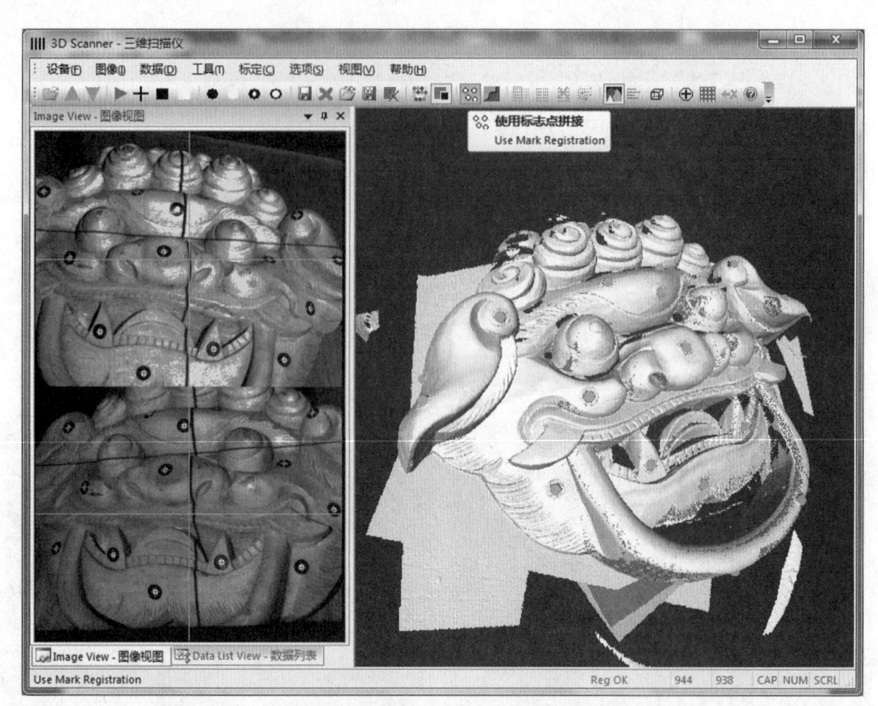

图2-30 三维扫描开始后的整个扫描过程(2)

步骤4 原始点云数据封装合并后的原始数据，如图2-31所示。

备注：扫描时借助贴在物体或是背景上的标志点进行点云自动拼接，标志点拼接时左右相机最少需要同时识别到5个公共标志点。

实例2 使用基于特征的无标志点拼接方法来扫描如图2-32所示小黄人模型。

步骤1 单击“特征点拼接”按钮，切换到特征点自动拼接模式。这种扫描模式扫描时借助物体自身的特征进行自动拼接，每旋转15°进行一次特征拼接（与转盘和高速IC相机一起配合扫描效率最佳，与电动转盘和机械臂集成可实现无值守扫描）。

步骤2 单击“开始扫描”（Space）按钮，开始执行扫描，如图2-33所示。

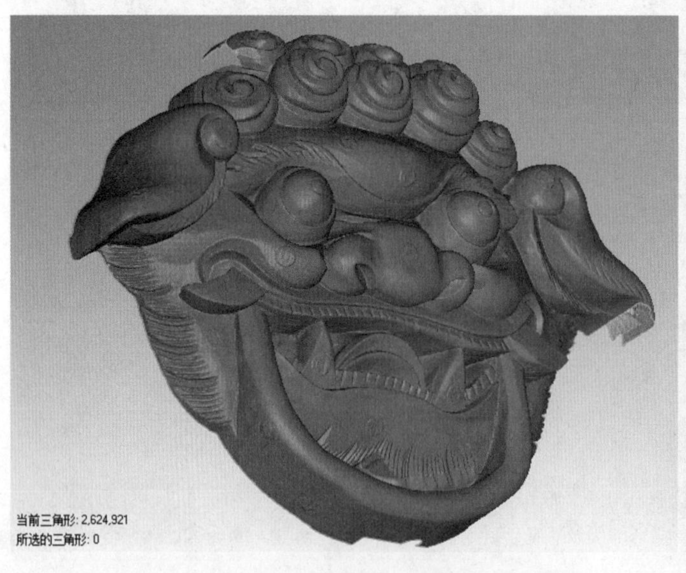

图2-31 原始点云数据封装合并后的原始数据

图2-32 小黄人原始模型

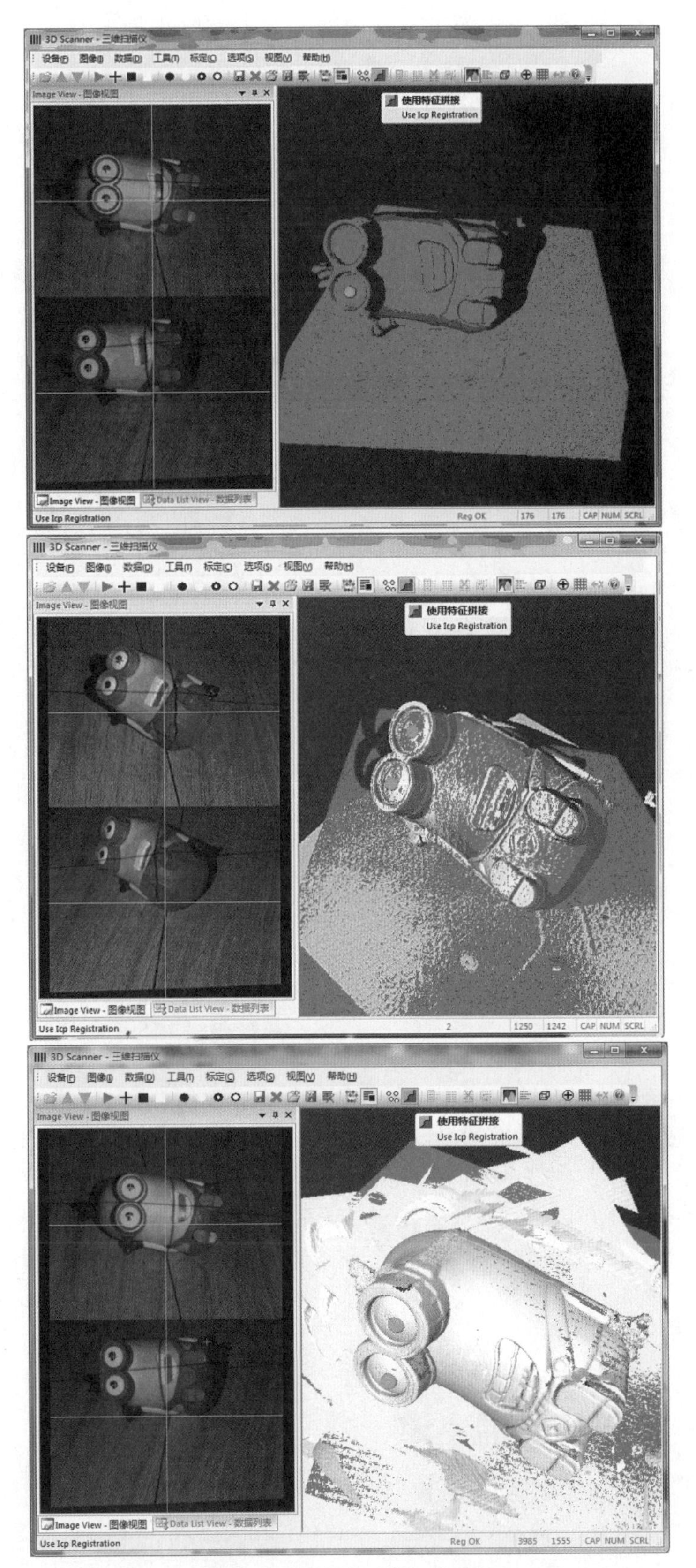

图2–33　小黄人三维扫描过程

步骤3　原始点云数据封装合成后，效果如图2-34所示。

图2-34　小黄人三维扫描结果图

注意：

(1)在扫描过程中，因断电或其他原因软件意外中断，可以单击“工程导入”按钮，导入没有完成的扫描工程文件，继续扫描。

(2)扫描完成后，扫描数据会自动保存在工作目录，在软件菜单中单击“工具”→“当前目录”，可以打开当前扫描数据存储目录(.ac后缀的文件为点云数据文件，导入第三方软件，封装合并即可)。

(3)扫描完成后如需要关闭扫描仪，应先关闭扫描软件，然后关闭光栅发生器，再断开相机USB连接线，拔下加密狗妥善保管。

2.5　基于2D的建模方法

2.5.1　基于草图的建模

基于现画或草图的交互建模方式，由于符合人类原有日常生活中的思考习惯，是最近十多年来计算机图形学中研究的热点建模方法之一。SketchUp是一套面向普通用户的易于使用的3D建模软件。使用SketchUp，创建3D模型就像我们使用铅笔在图纸上作图一样，软件能自动识别用户画的这些线条并加以自动捕捉。它的建模流程简单明了，就是画线成面，而后拉伸成体，这也是建筑或室内场景建模最常用的方法。SketchUp还可以将用户自己的制作成果发布到Google Earth上与其他人共享，或者是提交到Google的3D模型库3D Warehouse中。

2.5.2　基于照片的建模

以物体的照片来进行3D模型的构建，是计算机图形学和计算机视觉的一大研究方向，称为基于图像的几何建模(Image Based Modeling)。这种技术已逐渐成熟且走向实用阶段，有些软件能够让用户拿着普通相机或者手机对着要建模的实物从不同视角拍摄若干照片，然后软件就能根据这些照片自动地生成相应的3D模型。这种基于图片的建模技术给非专业建模人士构建3D模型提供了方便。Autodesk公司最近发布了一套平民级的建模软件Autodesk 123D，用户不需复杂的专业知识，只要为物体从不同的视角拍摄几张照片，该软件就能自动地为其生成3D模型，而且软件是完全免费的。

(1)Autodesk 123D是一款免费的3D CAD工具，用户可以使用一些简单的图形来设计、创建、编辑三维模型，或者在一个已有的模型上进行修改。

(2)Autodesk 123D Catch是建模软件的重点，用户使用相机或手机从不同角度拍摄物体或场景，然后上传到云平台，该软件利用云计算的强大计算能力，可将数码照片转换为3D模型，而且还自动带上纹理信息。但是，其生成的3D几何图形细节不多，主要是通过纹理信息来表现真实感。有时软件也会失败，生成的几何图形是不正确的。

(3)Autodesk 123D Make是将3D模型转换为2D的切割图案，用户可利用硬纸板、木料、金属或塑料等低成本材料将这些图案迅速拼装成实物，从而再现原来的数字化模型。这让用户能够“制造”出所需的3D模型，有点像3D打印的雏形。目前123D Make只有Mac版。

(4)Autodesk 123D Sculpt是一款运行在iPad上的3D雕刻软件，通过绘画的方式在模型上雕刻几何图形的细节。

第3章　FDM型3D打印机控制软件

3.1　Cura软件安装

运行软件安装包Cura，在安装向导窗口中单击“安装”→“下一步”→“完成”，如图3-1所示。

注意：在选择安装路径窗口中，请使用程序默认路径。Cura的安装路径为C盘根目录。

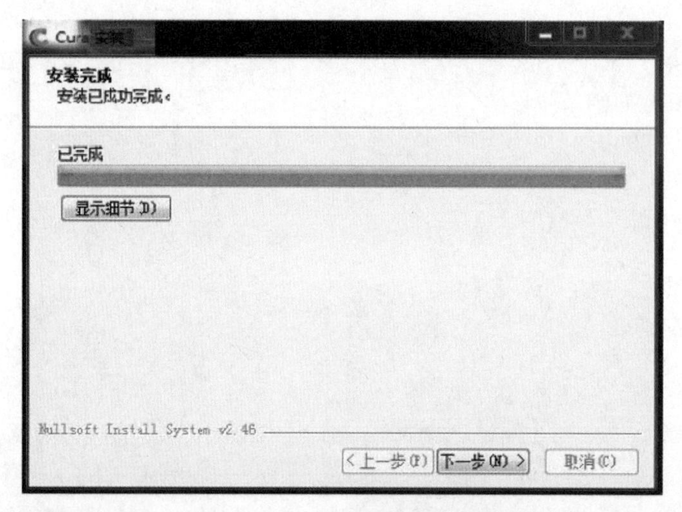

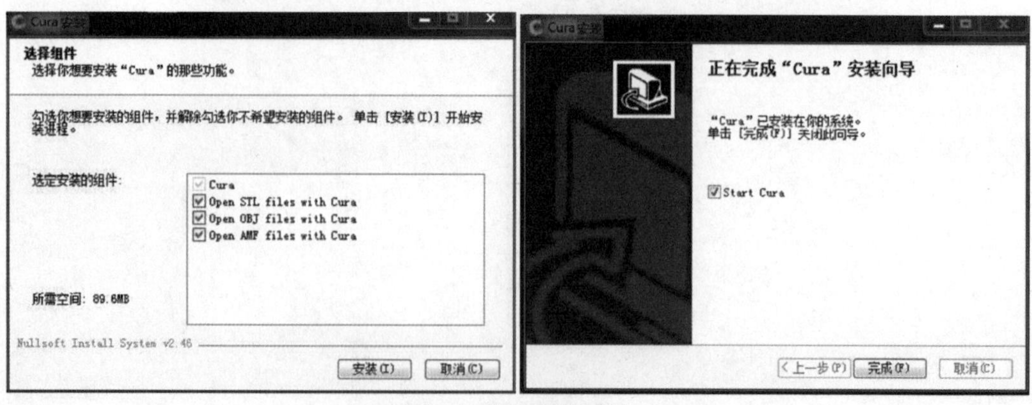

图3-1　Cura安装过程

第一次使用Cura软件时，首先进入向导界面，单击“Next”按钮，进入机型选择界面；选择“One S”，单击“Next”按钮，进入准备就绪界面；单击“Finish”按钮，完成安装，如图3-2所示。

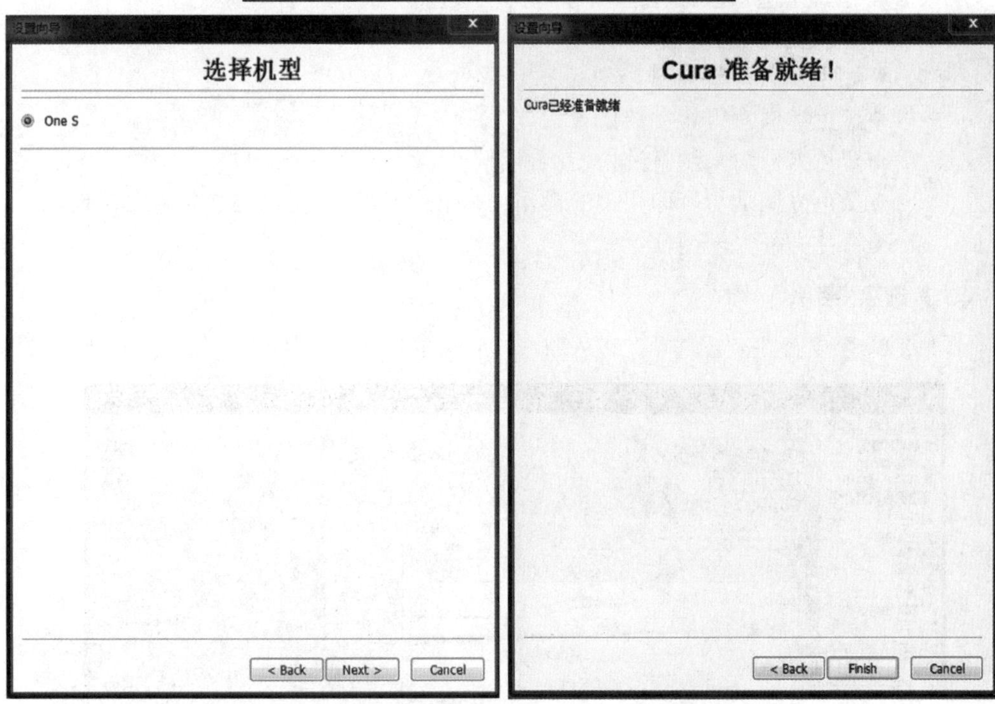

图3-2　Cura One S首次运行向导安装过程

3.2 Cura软件功能介绍

3.2.1 基本界面

Cura的基本界面如图 3–3 所示。

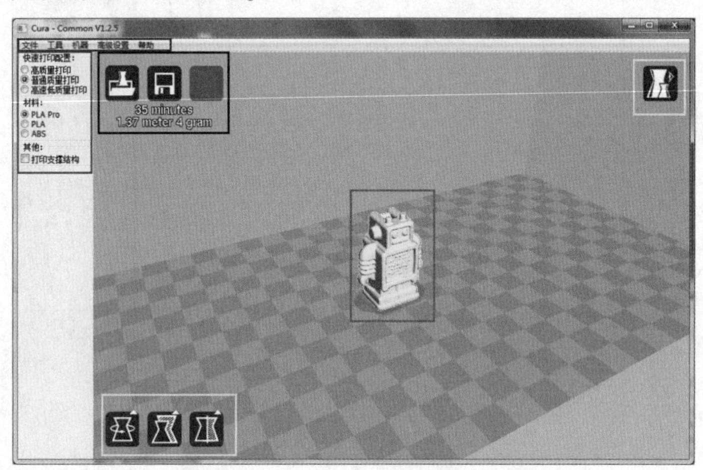

图3–3 Cura One S软件典型界面

其中 ◆红色方框为菜单栏。

◆蓝色方框为打印参数设置栏。

◆黄色方框用来调整模型、查看模型。

◆黑色方框是与打印相关的操作，灰色按键表明当前状态下暂时不可使用。

◆绿色方框为模型预览。

1.“首选项”菜单

单击菜单栏“文件”→“首选项”，进入“首选项”菜单，可以进行的设置如图3–4所示。

图3–4 首选项菜单说明

请注意：语言切换后需要重启Cura才能生效。

2.机器设置

单击菜单栏"机器"→"机器设置"，进入机器设置界面，如图3-5所示。

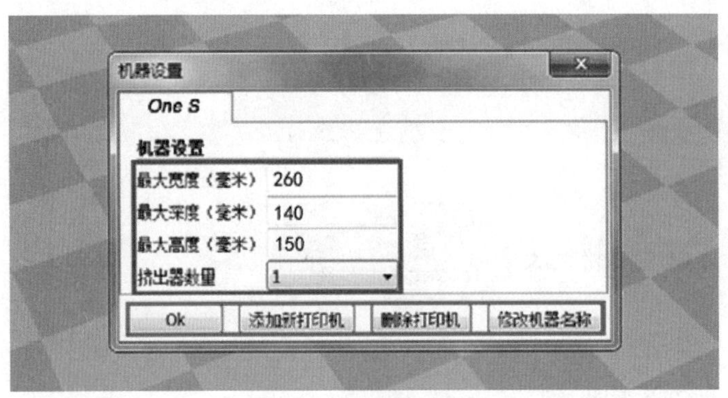

图3-5 机器设置界面

◆蓝色方框表示机器打印平台的尺寸，一般厂家会根据用户选择的机型进行了预设，请不要改动这些数据。

◆红色方框表示机器的相关设置，包括添加用户需要的新机型、删除不需要的机型，也可以修改机型名称。修改机型名称不会改变任何参数。

3.打印参数设置

单击菜单栏"高级设置"→"切换到完全设置模式"，可进入完全设置模式界面，如图3-6所示。

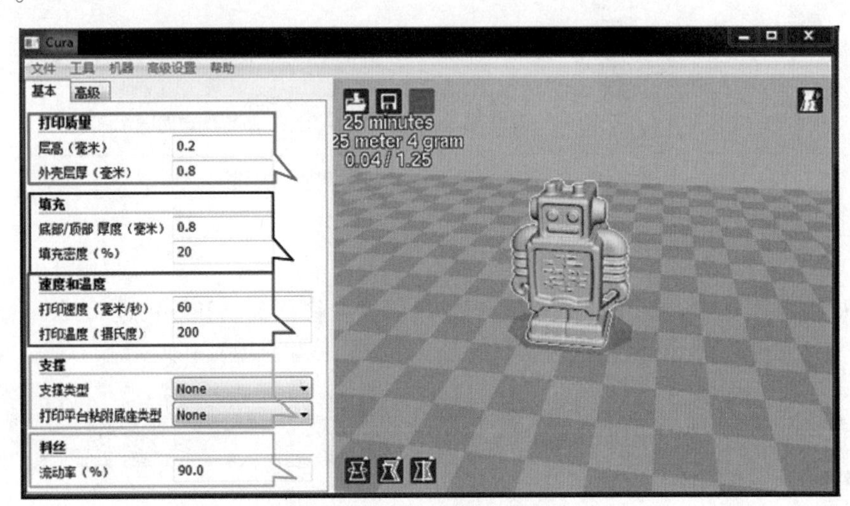

图3-6 打印参数设置界面

◆红色方框为打印质量参数。

层高：就是常说的打印精度，一般选择0.1~0.25，数据越小，模型精细度越高。

外壳层厚：最外层表面的厚度增加，可以提高表面质量，一般为喷嘴尺寸的倍数。

◆黑色方框为填充参数。

底部和顶部厚度：模型底层和顶层的厚度，建议使用和外壳相同的参数。

填充密度：模型的填充率。模型内部不完全填充，不会影响表面质量，只影响强度。

◆蓝色方框为速度和温度参数。

打印速度：如果打印物体比较小，请使用较低的速度。

打印温度：即打印喷头的温度，打印PLA/PLA pro耗材温度为195~210℃，打印ABS耗材温度约为230℃。

◆绿色方框为支撑参数。

支撑类型：如图3-7所示，"None"为不使用支撑，"Touching buildplate"为外部支撑，"Everywhere"为完全支撑，根据模型悬空情况来选择支撑类型。

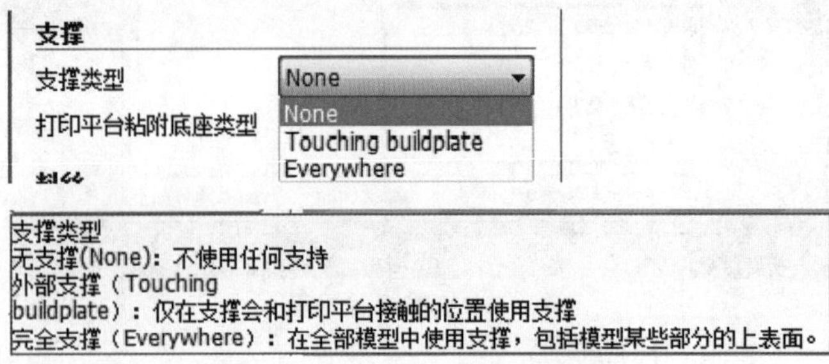

图3-7　支撑类型界面与说明

支撑类型界面与说明：

打印平台黏附底座类型：如图3-8所示，"None"为不使用衬垫，"Brim"为边沿衬垫，"Raft"为底部网格衬垫。

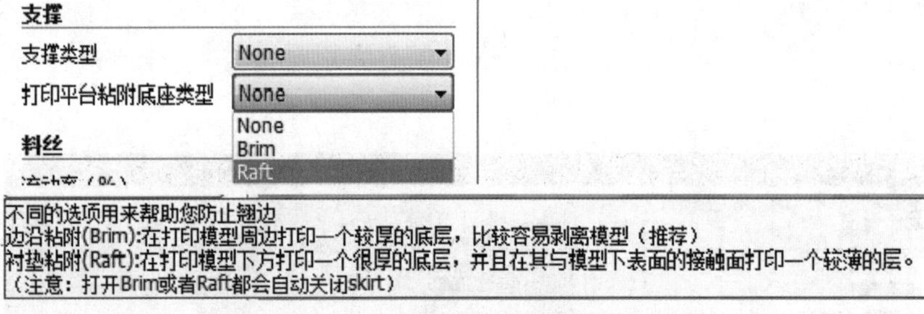

图3-8　打印平台黏附底座类型界面与说明

◆橙色方框为料丝流动率参数。

料丝流动率参数一般为90%。

注意：当所填入的参数有错误或者无效时，软件会使用黄色和红色进行提示。黄色表示警告，红色表示错误，鼠标悬停时可以看到提示，如图3-9、图3-10所示。

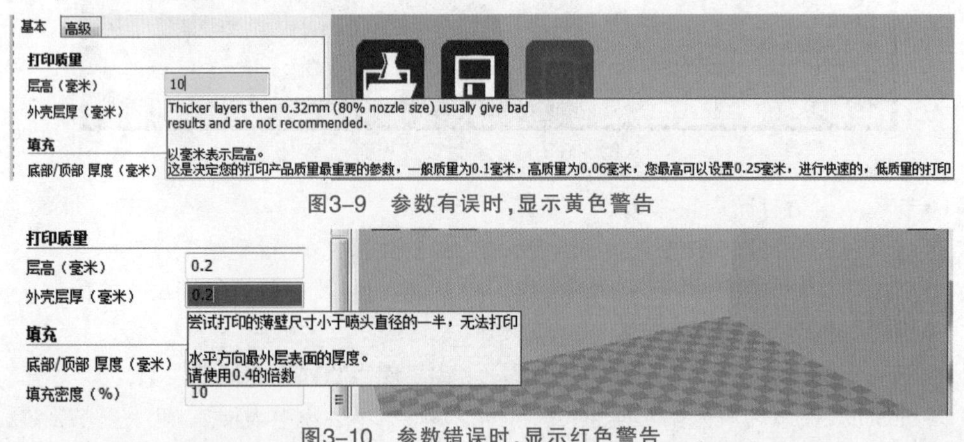

图3-9　参数有误时，显示黄色警告

图3-10　参数错误时，显示红色警告

3.2.2 模型转换

1. 模型加载

打开Cura软件，如图3-11所示，单击界面上红色箭头指向的“Load”加载按键，在弹出的窗口中选择需要打印的模型。

注意：黄色箭头指向的为进度条，Cura的切片引擎是始终自动开启的，当模型或者参数改变时，引擎会重新开始切片。对于配置较低的电脑，频繁修改参数和改变模型，在引擎启动时可能会造成卡顿，所以操作速度不能过快。

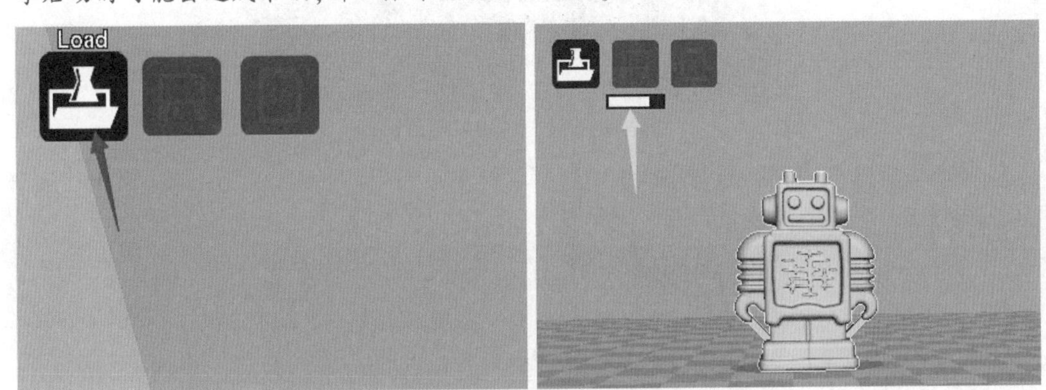

图3-11 模型加载过程图

2. 模型调整

红色方框为模型旋转设置，如图3-12所示。单击“旋转”按钮，然后按着鼠标左键不放，拖动模型周围的环形边框来调整模型，可以从X、Y、Z三个方向旋转调整模型。

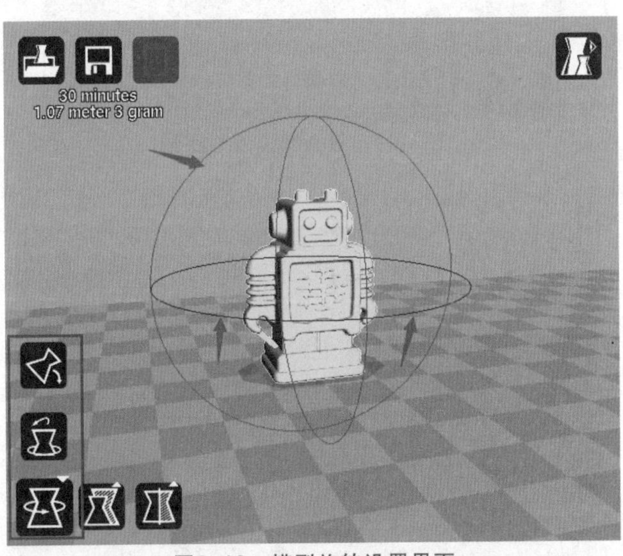

图3-12 模型旋转设置界面

黄色方框为模型缩放设置，如图3-13所示。单击“缩放”按钮，会弹出模型缩放比例和模型尺寸对话框，在“Scale”项输入需要缩放的比例因子可调整模型大小。红箭头所指的“ ”图标为锁定状态时，任一个方向的缩放都是对模型整体进行缩放；当“ ”图标为打开状态时，可以对模型进行单方向的缩放。

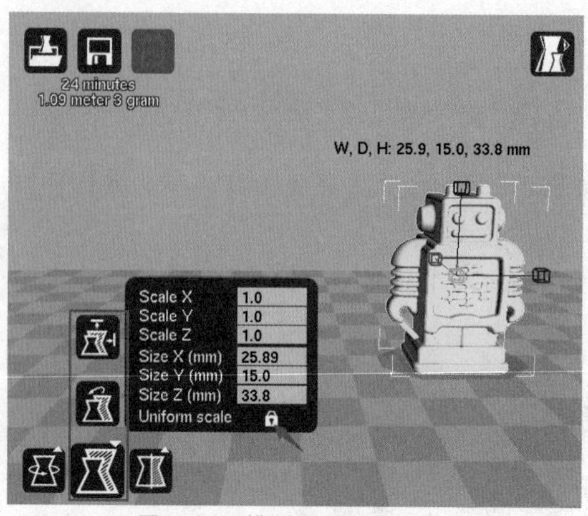

图3-13　模型缩放设置界面

蓝色方框为模型镜像设置，如图3-14所示。单击“镜像”按钮，会弹出三个按键，分别代表*Z*、*Y*、*X*三个方向的镜像。

图3-14　模型镜像设置界面

绿色方框为查看模型选项，如图3-15所示。单击 按钮，会弹出五个模式按键，分别是：

图3-15　模型查看设置界面

(1)“Normal”正常模式，仅显示模型外观。该模式为默认模式，如图3-16所示。

图3-16　模型查看“Normal”正常模式界面

(2)“Overhang”悬垂模式，会指示模型悬垂的部分，这些部分在没有支撑的情况下可能会下垂，如图3-17蓝色箭头所指的红色区域。

图3-17　模型查看“Overhang”悬垂模式界面

(3)“Transparent”透明模式，可以看到模式的内部结构，如图3-18所示。

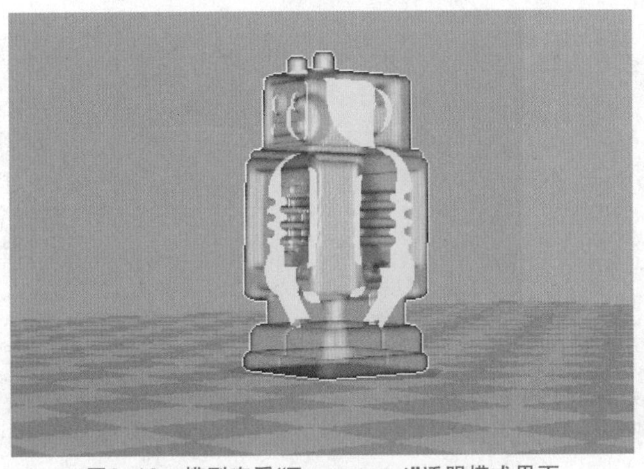

图3-18　模型查看“Transparent”透明模式界面

(4)“X-Ray”X光模式，类似于透明模式，但忽略了表面，如图3-19所示。

图3-19　模型查看“X-Ray”X光模式界面

(5)“Layers”分层模式，可以看到喷头的移动路径以及支撑结构，如图3-20所示。

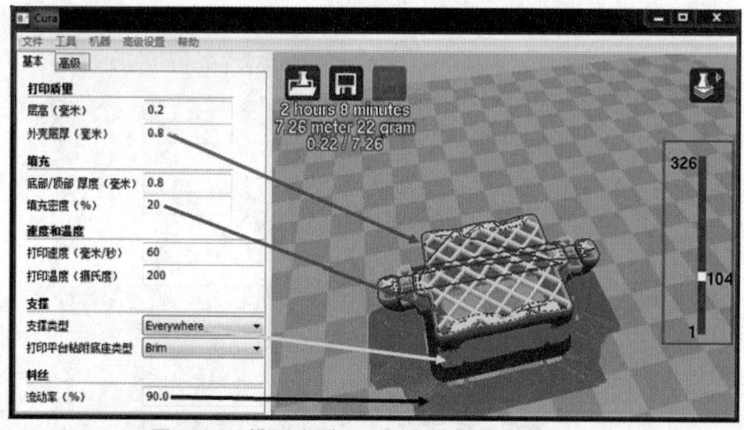

图3-20　模型查看“Layers”分层模式界面

3.生成Gcode代码及X3G文件

Gcode代码及X3G文件界面如图3-21所示。

图3-21　模型Gcode代码生成界面

黄色箭头所指的数据，是模型转换的结果，包括打印耗时和料丝使用量。如果设置料丝的成本，则会显示模型成本。此时，保存按钮" "可以使用，单击红色箭头所指的按钮，生成Gcode代码。模型生成Gcode代码时，蓝色箭头所指的" "图标由灰色变成白色，说明该按钮可以使用，单击该按钮生成X3G文件。

模型生成X3G文件时，会弹出如图3-22所示的进度条。X3G文件保存完成后，会弹出如图3-23所示的提示，即X3G文件的存储路径。

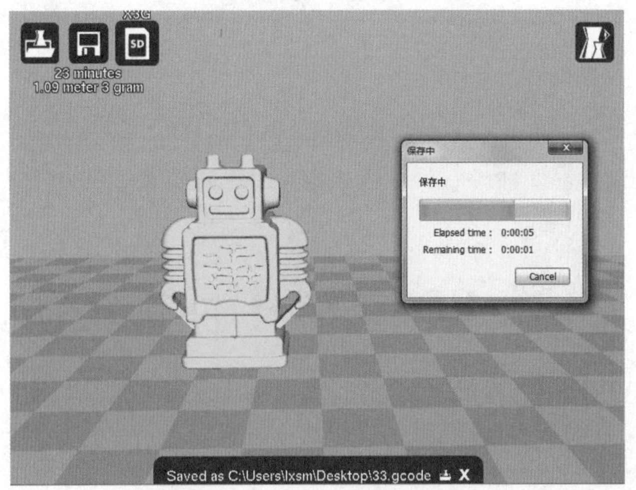

图3-22 X3G文件生成进度条界面

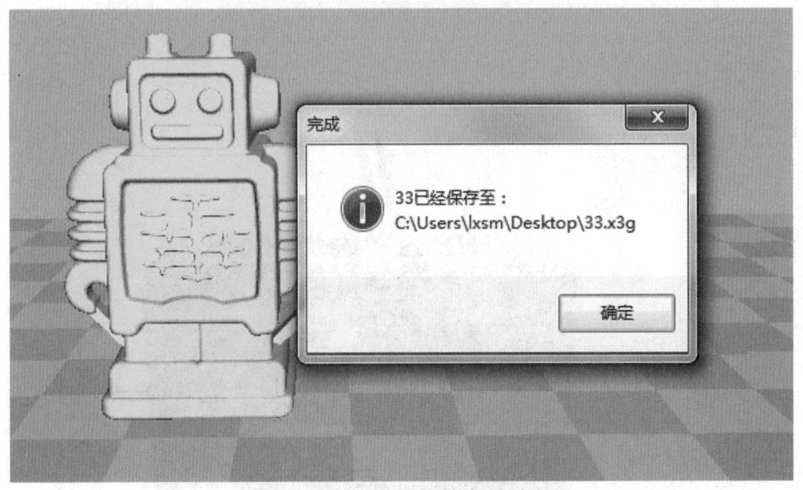

图3-23 X3G文件的存储路径

第4章 FDM型3D打印机设置与操作

本章以市场上常见的FDM设备为例，对FDM型3D打印机的基本参数、配置、具体设置以及后期维护问题进行详细说明与介绍。通过本章的学习，用户将能够正确使用机器和完成日程维护工作。

4.1 FDM型3D打印机介绍

各个厂家的FDM 3D打印机原理相同，操作方法大同小异。以SKE OneS 3D打印机为例，其原理是采用FDM（热熔堆积固化成型法），将STL三维模型进行切片转换，然后逐层打印出实物成品。本打印机具有金属框架、全封闭结构、可拆卸打印平台、主动式空气过滤系统等一系列的创新性设计，打印速度快，成品质量高，使用方便，维护简单，支持高强度连接线打印。打印机外观如图4-1和图4-2所示。表4-1为该型号打印机具体技术参数。

1.拖线　2.前门把手　3.前门　4.电源开关

5.LCD显示屏　6.控制面板　7.可拆卸打印平台　8.打印喷头

图4-1　SKE OneS型3D打印机基本组成（前视图）

1.料盘　2.料盘支架　3.电源插口　4.拖线卡座　5.空气过滤网风扇

图4-2　SKE OneS型3D打印机基本组成(后视图)

表4-1　SKE OneS型3D打印机技术参数

打印参数		机器参数	
打印尺寸	260 mm×140 mm×150 mm	显示屏型号	中英文显示屏
层厚度	0.1~0.5 mm	机器尺寸	486*325*385 mm
喷嘴直径	0.4 mm	机器重量	13.5kg
打印精度	0.08~0.2 mm	机器颜色	黑色
打印速度	20~150 mm/s	输入电压	220V
定位精度	*Z*轴 0.0025 mm	最高功率	120W
	X、*Y* 轴 0.011 mm	过滤系统	三层滤网过滤
耗材参数		软件参数	
耗材类型	ABS/PLA/PLA Pro	打印软件	Cura ReplicatorG
材料直径	1.75mm	文件格式	STL/GCODE
耗材颜色	多色可选	操作系统	Windows/Linux
		打印方式	SD卡、联机打印

4.2　FDM型3D打印机设置

4.2.1　操作面板设置

SKE OneS 3D打印机右侧有个SD卡插槽,可以直接打印SD卡上的模型文件。机器的操作面板上有LCD显示屏与控制按键,可以进行换丝、调试等操作。下面就该操作面板的功能与设置进行介绍。

1. 操作面板介绍

图4–3所示为SKE OneS 3D打印机操作面板界面，从中可以看出该3D打印机的操作面板由LCD显示屏和5维按键组成。在不连接计算机的情况下,可以通过操作面板进行各项打印操作。

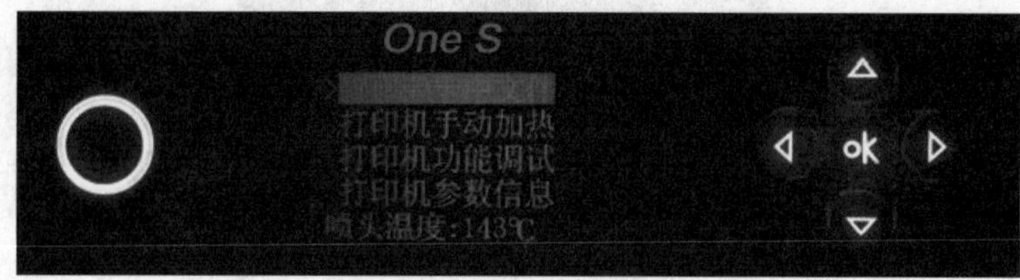

图4–3 SKE OneS 3D打印机操作面板界面

5维按键由上、下、左、右、OK五个按键组成,按键常用功能如下:

上键:在菜单操作中,将光标向上滚动;在设置操作中,选择上一项参数。

下键:在菜单操作中,将光标向下滚动;在设置操作中,选择下一项参数。

左键:在菜单操作中,返回上一层菜单;在点动模式中,切换操作轴。

右键:在点动模式中,切换操作轴。

OK键:在菜单操作中,进入下一层菜单;在设置操作中,进入或退出参数设置;在点动模式中,退出点动模式。

2.操作面板菜单

控制面板的菜单树如图4–4所示,菜单分为3层(菜单结构可能因固件升级而有所调整),最左侧的为开始菜单,右侧的为其子菜单。按OK键可以进入某个菜单项的子菜单;按左键可以返回上一层菜单。图中黑色字体菜单项目为当前禁止使用项。

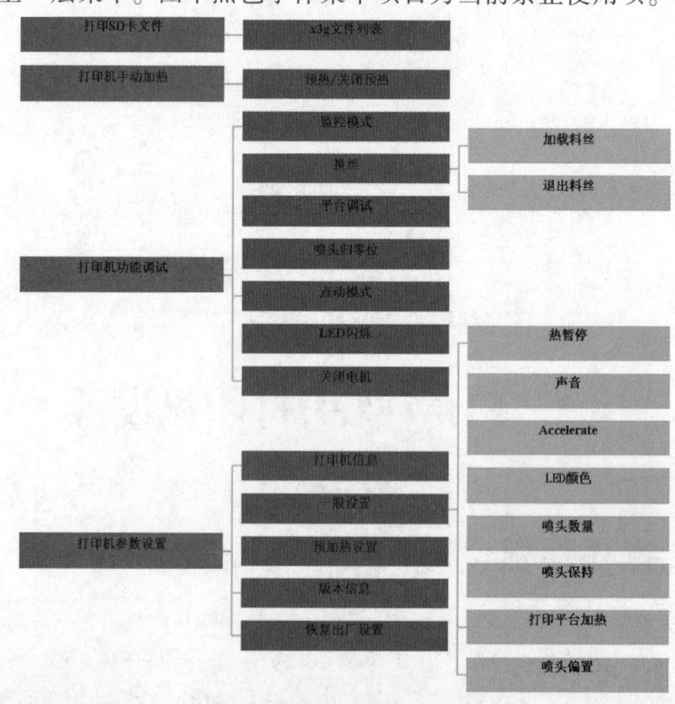

图4–4 控制面板的菜单树

4.2.2 操作面板常用操作

1. 打印SD卡上的文件

在“开始”菜单中选择第1项“打印SD卡中文件”，进入SD卡文件列表。该列表按时间倒序方式列出SD卡根目录中的.x3g格式文件，如图4-5所示。使用上下键选择要打印的文件，然后按下OK键开始打印。

图4-5 打印SD卡中文件操作界面

注意：文件名不能使用中文，文件名长度不可超过20个字符，否则机器无法识别或显示乱码。

2. 打印机预热

在“开始”菜单中选择第2项“打印机手动加热”，进入打印机预热界面。该界面中，有喷头预加热项和平台预加热项。按上下键移动光标选择预加热项，按OK键切换开/关状态，然后选择“开始加热”，打印机首先将平台升温至设定温度，然后再将喷头升温至设定温度。预加热的设定温度在设置选项中可以更改，如图4-6所示。

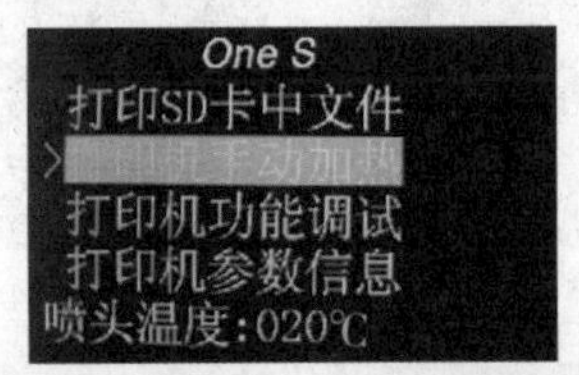

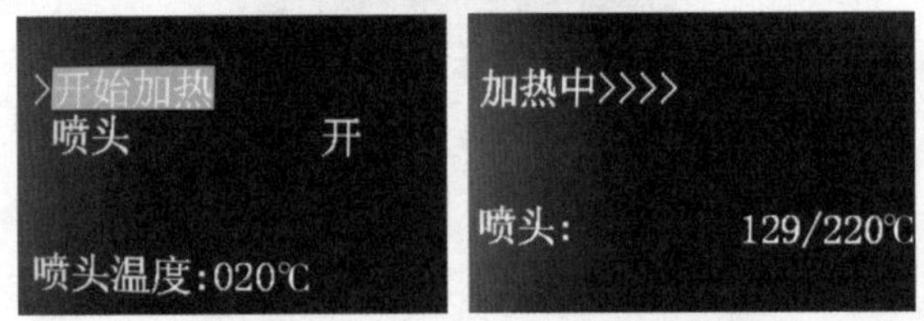

图4-6 打印机预热温度设置过程

打印机开始加热后，LCD上会显示喷头与打印平台的实时温度。此时如果想进行其他操作，可按左键返回“开始”菜单，加热过程会在后台继续。如果想中止打印机预热，可再次进入预热菜单，选择“停止加热”关闭加热。

3. 打印机功能调试

1）打印机温度

在“开始”菜单中选择第3项“打印机功能调试”，进入二级菜单，选择第1项“监控模式”，进入打印机温度实时监控界面。按左键返回上一层菜单，如图4-7所示。

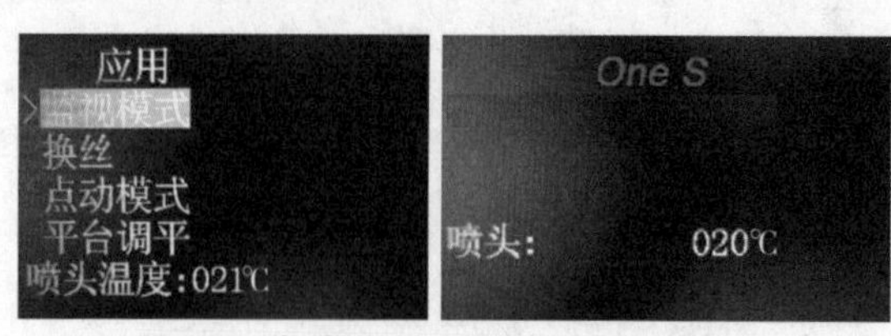

图4-7　打印机温度实时监控过程界面

2)更换料丝

在“开始”菜单中选择第3项“打印机功能调试”,进入二级菜单,选择第2项“换丝”,进入手动换丝界面。选择“喷头退丝”,按OK键进入退丝程序。喷头加热至预定温度,然后启动喷头电机向后退丝。要中止退丝程序,按下左键,选择“是”即可。

选择“喷头进丝”,按OK键进入进丝程序。喷头加热至预定温度,然后启动喷头电机向前进丝。要中止进丝程序,按下左键,选择“是”即可,如图4-8所示。

3)打印机点动调试

在“开始”菜单中选择第3项“打印机功能调试”,进入二级菜单,选择第3项“点动模式”,进入打印机点动调试界面。点动调试界面分为三屏,分别对应*X*轴、*Y*轴、*Z*轴,可使用左右键进行切换,如图4-9所示。在每个轴的调试界面中,按上下键可控制打印机轴电机的双向运行。按OK键可返回上一层菜单。

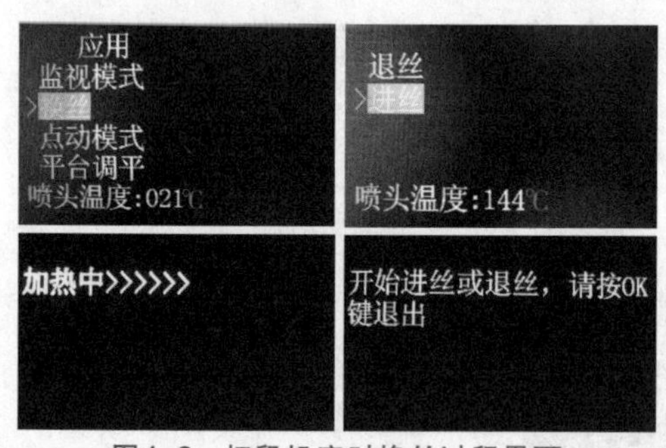

图4-8　打印机实时换丝过程界面

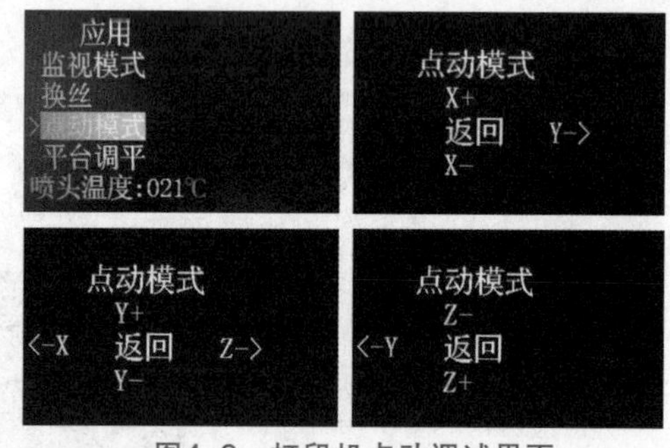

图4-9　打印机点动调试界面

4. 打印机参数信息

1)查看累计运行时间

在“开始”菜单中选择第4项“打印机参数信息”,进入二级菜单,选择第1项“打印机信息”,进入打印机运行时间统计界面。在这里,会显示累计打印时间、前一次打印耗时和料丝使用长度等信息,如图4-10所示。

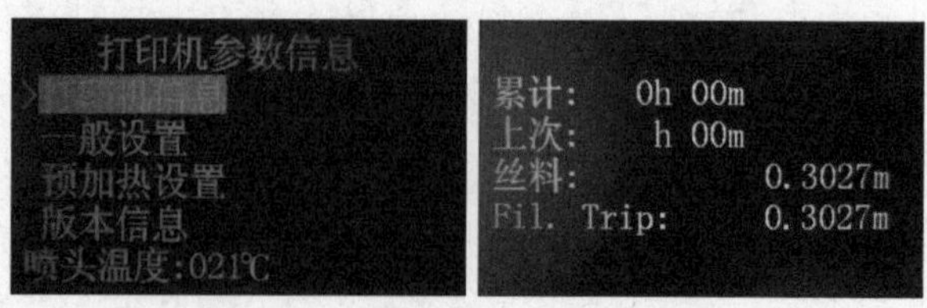

图4-10　累计运行时间查询界面

2)中英文字幕切换

在“开始”菜单中选择第4项“打印机参数信息”,进入二级菜单,选择第2项“一般设置”，进入三级菜单，选择“Language”，如图4-11所示，按OK键选定该项，按上下键切换中英文字幕。返回上级菜单，可按OK键→左键。

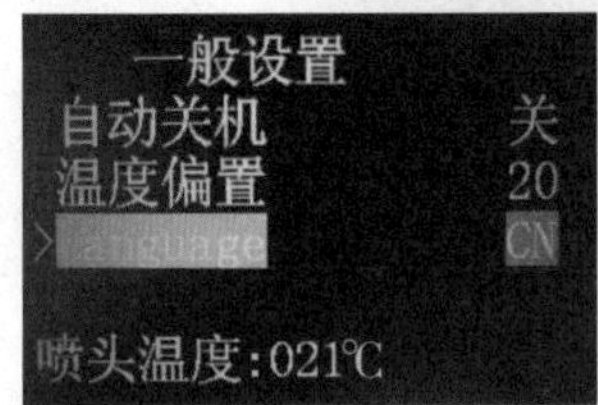

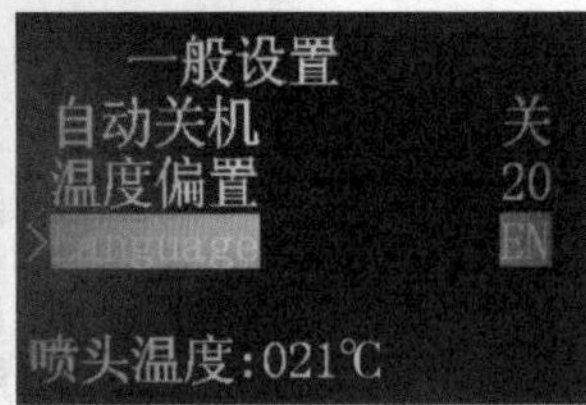

图4-11　中英文字幕切换界面

3）温度偏置设置

当喷头实际打印温度与设定温度不匹配时，可通过“温度偏置”来调节打印温度。在“开始”菜单中选择第4项“打印机参数信息”，进入二级菜单，选择第2项“一般设置”，进入三级菜单，选择“温度偏置”，按OK键选定该项，按上下键修改温度偏置数值，如图4-12所示。数值加大，实际打印温度降低；数值减小，实际打印温度升高。返回上级菜单，可按OK键→左键。

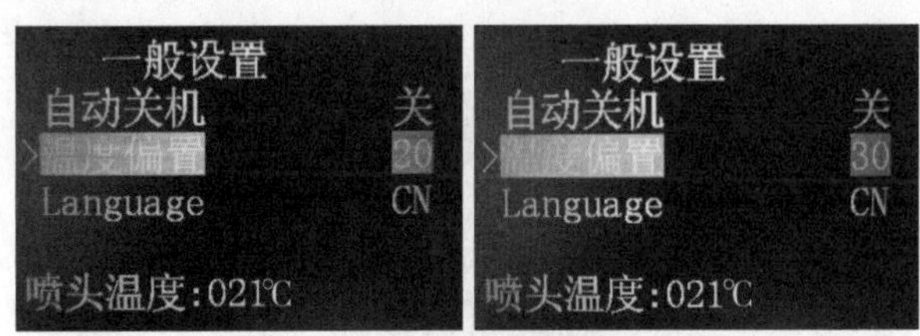

图4-12　温度偏置设置界面

4）常用打印参数设置

在“开始”菜单中选择第4项“打印机参数信息”，进入二级菜单，选择第2项“一般设置”，进入打印机参数设置界面，如图4-13所示。此界面中的常用项中，“声音”“LED颜色”“Accelerate”等，出厂时默认为开启状态，“底板加热”默认为关闭状态。若出现开机没有声音、LED灯条不亮或打印阻力变大、喷头移动迟缓、喷头达到预设温度不吐丝不打印等现象，应检查相应参数设置是否处于正常状态。

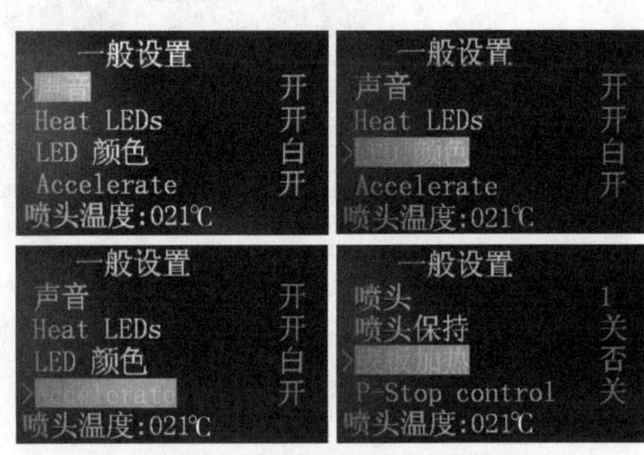

图4-13　常用打印参数设置界面

5）预加热温度设置

在“开始”菜单中选择第4项“打印机参数信息”，进入二级菜单，选择第3项“预加热设置”，进入预加热温度设置界面，在此界面中可以设定喷头/平台预加热温度，如图4-14所示。按OK

键选定喷头或平台，按上下键调节温度。返回上级菜单，可按OK键→左键。

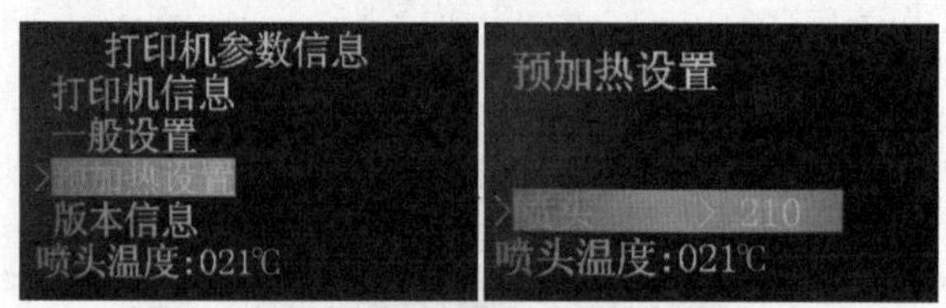

图4-14　打印机预加热温度设置界面

5. 打印中途常用参数设置

1)取消打印/暂停打印

按操作面板上左键弹出选项菜单，往下翻，选择“取消打印”或者“暂停”即可，如图4-15所示。

图4-15　打印中途取消/暂停打印设置界面

2)开启/关闭喷头左侧风扇

按操作面板上左键弹出选项菜单，往下翻，选择“开启风扇”/“关闭风扇”即可，如图4-16所示。

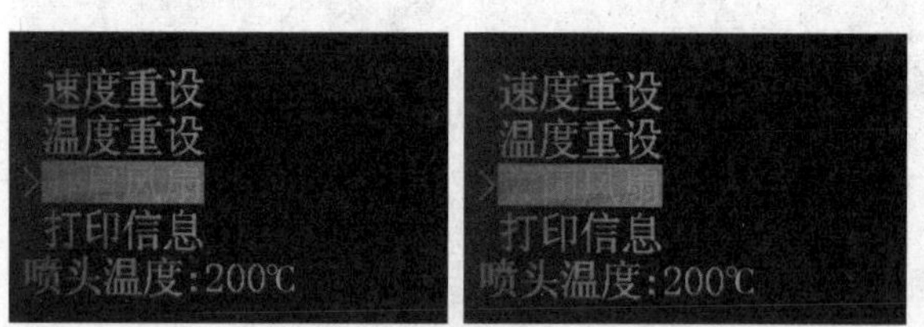

图4-16　打印中途开启/关闭喷头左侧风扇设置

3)修改打印喷头的温度

按操作面板上左键弹出选项菜单，往下翻，选择“温度重设”，进入打印喷头温度重设界面，按上下键调节温度，如图4-17所示。按左键返回打印界面。

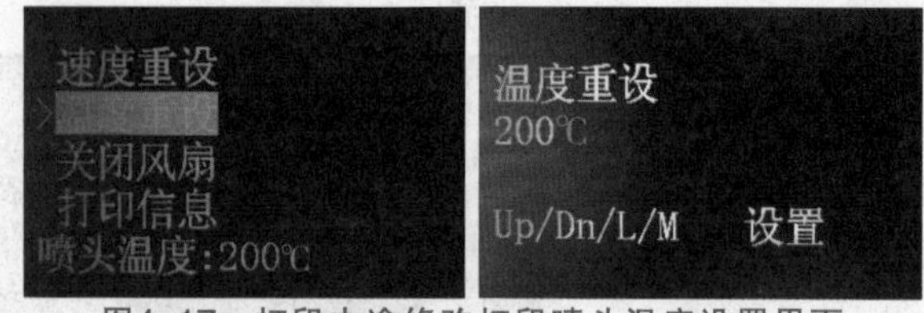

图4-17　打印中途修改打印喷头温度设置界面

4)修改打印速度

按操作面板上左键弹出选项菜单，往下翻，选择“速度重设”，进入打印速度重设界面，按上下键调节速度，如图4-18所示。按左键返回打印界面。

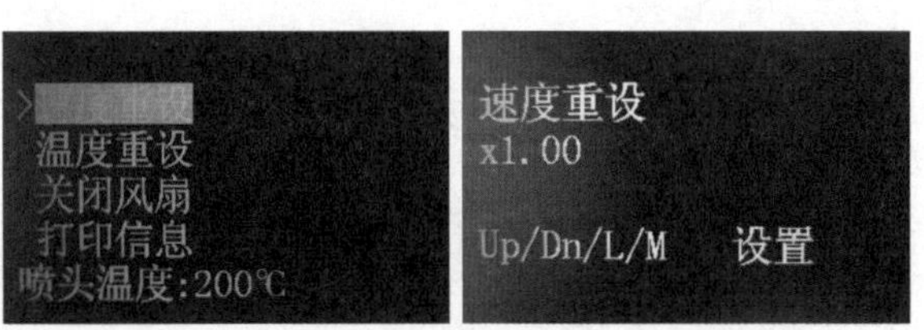

图4-18 打印中途修改打印速度设置界面

注意:打印速度过快会损坏打印机,请谨慎使用提速功能。

4.3 FDM型3D打印机维护与保养

为了保证3D打印机能够长时间工作,在其不工作的情况下需要定期进行保养,以及做一些日常方面的维护,以保证打印机高性能稳定地运行。下面以芜湖林一科技公司研发的SKE OneS型教育版3D打印机为例,介绍在日常使用过程中的维护和保养知识。

4.3.1 打印机日常维护指南

日常的维护主要包括:清洁打印喷头、更换打印平台贴纸、打印平台定期检查调平、更换空气过滤芯片及光轴和丝杆维护等。

1.打印机喷头的清洁

在三维打印过程中,耗材中的部分碎屑、灰尘颗粒都可能在打印喷头周围聚积。随着时间推移,这些积聚物会导致打印精度变差或喷头堵塞。所以,每次打印前需要检查打印喷头是否堵塞,是则进行清洁。

维护方法:清洁打印喷头一般用镊子、擦布剔除喷头周围杂质即可,如图4-19所示。

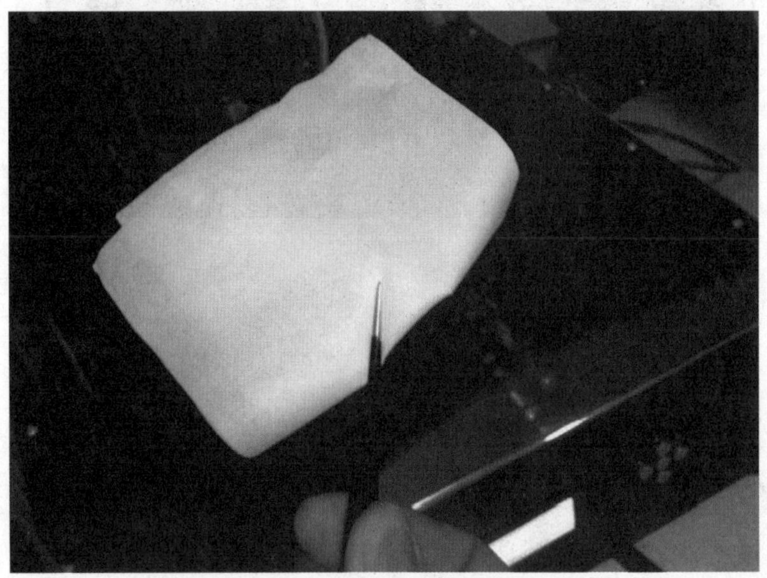

图4-19 3D打印机喷头的清洁

2. 打印平台贴纸的更换

查看打印平台上蓝色3M贴纸表面是否磨损、不平，若贴纸有磨损，必须更换，以确保模型能够牢固黏贴在打印平台上。

维护方法：从配件盒里找出新胶带贴纸，把打印平台上的胶带贴纸从左边底部撕开，慢慢剥去，不要有残留，再贴上全新的贴纸即可，如图4-20所示。注意贴纸之间不要留间隙。

图4-20　3D打印平台贴纸的更换

3. 空气过滤芯片组件的更换

一般空气过滤芯片组件，使用500小时后必须更换，否则会导致对尘粒的过滤效果大幅降低。

维护方法：首先将打印机后侧的风扇盖板整体用力直接取下来，然后将新的过滤芯片组件盖板直接安装上去即可，如图4-21所示。

图4-21　3D打印机空气过滤芯片组件的更换

4. 打印平台定期检查调平

打印机平台是否水平直接影响打印模型的精度，因此，需要对打印平台进行定期检查和调平。

调平方法：

步骤1　将一张白色A4纸放置于打印平台上，在操作面板上选择“打印机功能调试”进入下级菜单，选择“平台调平”，如图4–22所示。

步骤2　此时打印机会进入如图4–23所示界面，同时，打印喷头移动到固定点位，这时调整平台下部前面的1个螺母，调整平台与喷头的间隙，直至A4纸张能在平台与喷头间刚好滑动。控制好间隙，不能太松也不能太紧，如图4–23所示。调整好后，按“OK”键，进入下一个步骤。

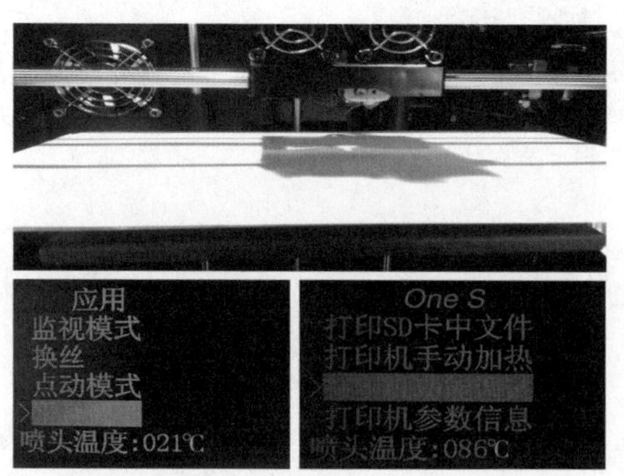

图4–22　3D打印机打印平台调平过程(1)

图4–23　3D打印机打印平台调平过程(2)

步骤3　同步调整平台下部后面的2个螺母，调整平台与喷头的间隙，直至A4纸张滑动时稍有摩擦阻力，如图4–24所示。调整好后，按“OK”键，进入下一个步骤。

步骤4　调整平台下部后面右侧的1个螺母，调整平台与喷头的间隙，直至A4纸张滑动时稍有摩擦阻力，如图4–25所示。调整好后，按“OK”键，进入下一个步骤。

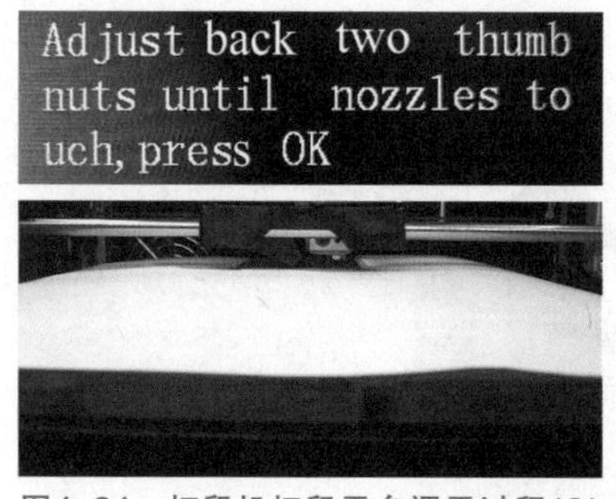

图4–24　打印机打印平台调平过程(3)

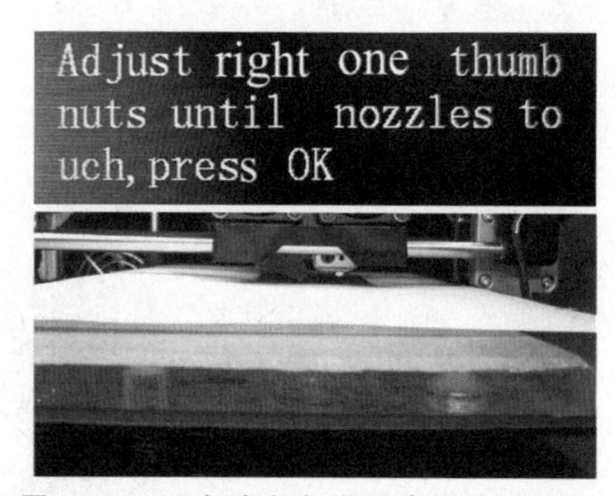

图4–25　3D打印机打印平台调平过程(4)

步骤5　调整平台下部后面左侧的1个螺母，调整平台与喷头的间隙，直至A4纸张滑动时稍有摩擦阻力，如图4–26所示。调整好后，按“OK”键，进入下一个步骤。

步骤6　同步调整平台下部3个螺母，调整平台与喷头的间隙，直至A4纸张滑动时稍有摩擦阻力，如图4–27所示。调整好后，按“OK”键。

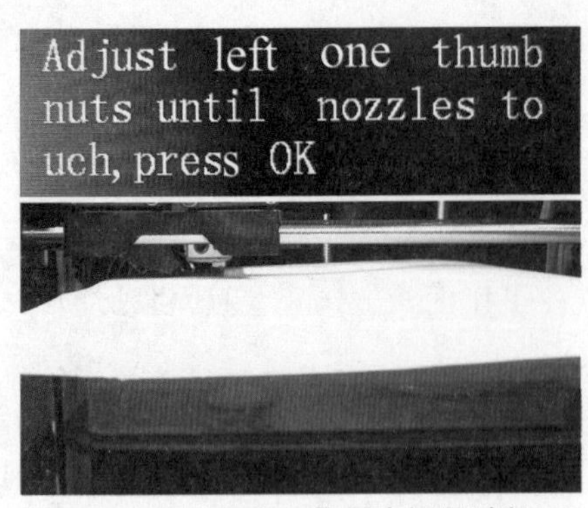

图4-26 3D打印机打印平台调平过程(5)

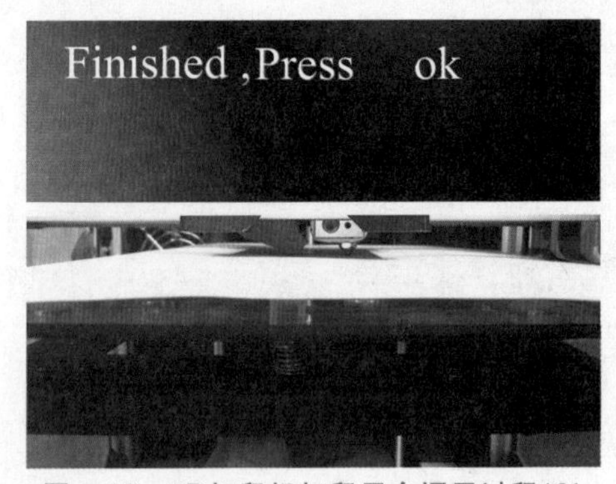

图4-27 3D打印机打印平台调平过程(6)

步骤7 调整完成后,如果感觉平台和喷头的间隙还不合适,请重新校准各个位置。

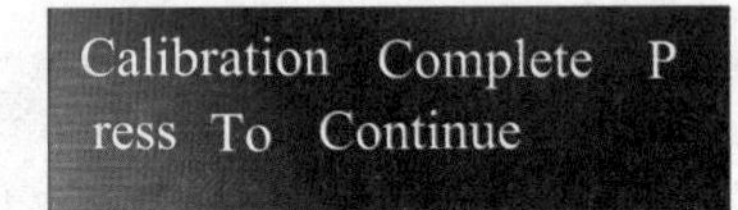

图4-28 3D打印机打印平台调平过程(6)

5. 光轴和丝杆维护

打印机在使用过程中,*X*、*Y*两个方向都是依靠精密导轨和*Z*轴丝杆来确保平稳、精准的直线运动。在添加润滑硅脂后,能减少摩擦力,降低机械运动部件的磨损,因此,必须定期保养。机器使用1 000小时后必须保养一次。

维护方法:从随机配件盒中将润滑硅脂拿出来,均匀地涂覆在丝杆或光轴上,然后开动设备,让各轴全行程走动数次,使润滑硅脂均匀分布在各轴表面。

6.打印喷头组件的维护与更换

打印机在长时间使用之后,进料齿轮持续传送并摩擦料丝,齿轮上会黏住料丝粉末,导致齿轮抓力减弱,影响传动效果。定期拆卸、清理喷头组件,能保持机器流畅运转。机器工作500小时之后,应彻底清理喷头组件。

1)清理喷头和电机齿轮

步骤1 在确保关机的情况下,打开打印机的门板,先拔下喷头电机的连接线插头,如图4-29所示。

图4-29 喷头电机接线插头

步骤2　接着，完全拧开右侧风扇底部的2个内六角螺丝，取下风扇与散热片，如图4-30所示。然后，从后侧将电机与进料齿轮整体取出，如图4-31所示。

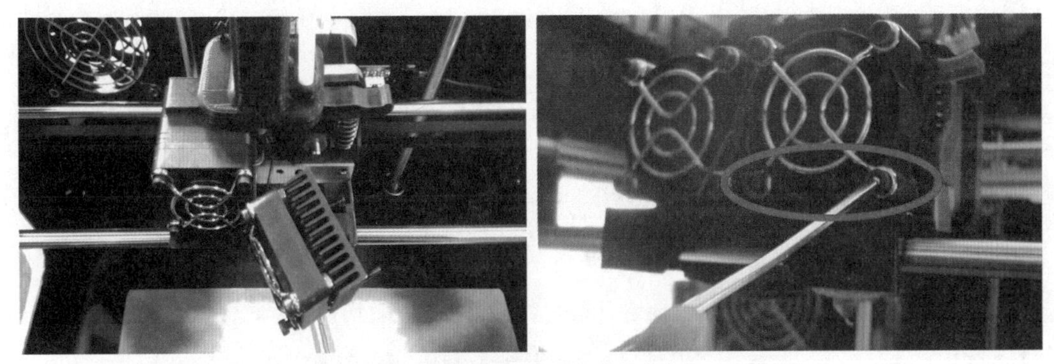

图4-30　风扇与散热片的拆卸

图4-31　电机齿轮的清理

步骤3　用镊子对电机齿轮上料丝碎屑进行清理，清理完毕再按逆步骤操作安装即可。

注意：最后要把电机连接线的插头插上。

2）打印喷头的更换

在打印过程中，由于操作不当或者料丝的材质选用不好，都会导致喷头堵塞，必要的情况下，需要进行喷头更换。

步骤1　首先取下电机齿轮组件，具体步骤参考“清理喷头和电机齿轮”过程。使用内六角扳手将固定喷头喉管的螺丝旋下，从底部取下喷头的整体部件，拔下喷头的连接线插头，如图4-32所示。

图4-32　3D打印喷头的拆卸过程

步骤2　安装新喷头组件。首先把电机齿轮组件放置到原位，用以确定喷头喉管在铝块上方伸出来的长度，把新喷头的喉管部分从底部插入到铝块中，喉管的最上方与电机齿轮的底部紧密接触(注意电机的位置不能动)；然后拧紧固定喉管的螺丝；把风扇、散热片与电机安装好，拧紧顶部的2个内六角螺丝；最后把电机连接线的插头插上。

步骤3　整个过程结束后，需要重新校准打印平台才能开始打印模型。

4.3.2　常见问题及故障排除(FAQ)

在3D打印机使用过程中，可能会出现一些意想不到的情况，下面就这些可能出现的问题及其解决方法进行一个小结，以便使用者能够自行检查和解决问题。

(1)换丝操作不是每次开机都要进行的，只在更换料丝时才做。

(2)模型打印结束后，不要立即用手去拿模型，应等模型冷却一会，再用刮铲轻轻铲下模型。

注意：不要铲坏打印平台上的蓝色3M贴纸。

(3)打印的模型底部黏不牢固，或者出现模型跑位时，应检查打印平台设定温度是否正确，打印平台是否已经达到设定温度。如果打印平台温度正确，应检查打印平台是否平整，不平整则需调整打印平台。

(4)打印过程中，如果打印喷头堵塞或者不出丝，应先检查送料架上的料丝耗材是否已经用完：

①若料丝用完，则表示有料丝段遗留在打印喷头里。这时应拆下打印喷头上方的风扇，取下打印喷头，然后将打印喷头加热到230℃，用钳子小心将料丝段拔出。关闭打印机，待打印喷头变凉后重新安装上去。

②若料丝没有用完，则表明打印喷头堵塞。这时应拆下打印喷头上方的风扇，查看进料齿轮是否缠绕料丝。若有料丝缠绕，从铝块上方将料丝剪断，取下打印喷头，然后将打印喷头加热到230℃，用钳子小心将料丝段拔出，同时取下挤出器，清理进料齿轮里的料丝及碎屑，关闭打印机，装上挤出器及打印喷头；若没有料丝缠绕，应将打印喷头加热到230℃，按下挤出器手柄，手动进丝，稍用力往下推丝，将遗留在打印喷头里的料丝推出，然后手动退丝，再手动进丝，重复几次，直到打印喷头完全疏通。

注意：小心疏通打印喷头，避免烫伤。

第5章 3D打印工件的后期表面处理

5.1 抛光

5.1.1 化学抛光

化学抛光是利用化学试剂对样品表面凹凸不平区域选择性的溶解作用消除磨痕、侵蚀整平的一种方法。这种方法的主要优点是设备简单,可以抛光形状复杂的工件,并且可以同时抛光多个工件,效率高。化学抛光得到的工件表面粗糙度一般为数十微米。目前,化学抛光的核心问题是抛光液的配制。

5.1.2 电解抛光

电解抛光的基本原理与化学抛光相似,即选择性溶解材料表面微小凸出部分,使其表面光滑。与化学抛光相比,电解抛光可以消除阴极反应的影响,效果较好。电解抛光过程分为两步:

(1)宏观整平。溶解产物向电解液中扩散,材料表面粗糙度下降,$Ra>1\ \mu m$。

(2)微光平整。通过阳极极化,表面光亮度提高,$Ra<1\ \mu m$。

5.1.3 超声波抛光

超声波抛光是将工件放入磨料悬浮液中,利用工具端面的超声频振动,带动悬浮液中的磨料,对工件表面进行磨削抛光的方法。超声波加工宏观力小,不会引起工件变形,但工装制作和安装较困难。超声波加工可以与化学抛光或电解抛光方法结合,在溶液腐蚀、电解的基础上,再施加超声波振动搅拌溶液,使工件表面的溶解产物脱离,表面附近的化学试剂或电解质均匀;超声波在液体中的空化作用还能够抑制腐蚀过程,利于工件表面光亮化。

5.1.4 流体抛光

流体抛光是依靠携带磨粒的高速流体冲刷工件表面达到抛光的目的。常用方法有：磨料喷射加工、液体喷射加工、流体动力研磨等。流体动力研磨是由液压驱动，使携带磨粒的液体介质高速往复流过工件表面，介质主要采用在较低压力下流动性好的特殊化合物(聚合物状物质)并掺上磨料制成，磨料可采用碳化硅粉末。

5.1.5 磁研磨抛光

磁研磨抛光是利用磁性磨料在磁场作用下形成磨料刷，对工件磨削加工的方法。这种方法加工效率高，质量好，加工条件容易控制，工作条件好。采用合适的磨料，可使被抛光工件表面粗糙度Ra达到0.1 μm。

5.1.6 机械抛光

机械抛光是靠微切削、微挤压塑性变形去除材料表面的凸部，获得平滑表面的抛光方法。一般使用油石条、羊毛轮、砂纸等，以手工操作为主，特殊零件如回转体表面，可使用转台等辅助工具，表面质量要求高的可采用超精研抛的方法。超精研抛是采用特制的磨具，在含有磨料的研抛液中，紧压在工件被加工表面上，作高速旋转运动。利用该方法被抛光工件表面粗糙度Ra可达0.008 μm，是各种抛光方法中精度最高的。光学镜片模具常采用这种方法抛光。

塑料模具加工中的抛光与其他行业有很大不同，严格来说，模具的抛光应该称为镜面加工。它不仅对抛光本身有很高的要求，并且对表面平整度、光滑度以及几何精度也有很高的标准。表面抛光一般只要求获得光亮的表面即可。由于电解抛光、流体抛光等方法很难精确控制零件的几何精度，而化学抛光、超声波抛光、磁研磨抛光等方法的表面质量又达不到要求，所以精密模具的镜面加工还是以机械抛光为主。

1. 机械抛光基本程序

要想获得高质量的抛光效果，最重要的是要具备高质量的油石、砂纸和钻石研磨膏等抛光工具和辅助品。而抛光程序的选择取决于工件前期加工后的表面状况，如机械加工、电火花加工和研磨加工等。机械抛光的一般过程如下：

(1)粗抛。经铣削、电火花、磨削等加工工艺处理后的工件表面可以选择转速在35 000~40 000 r/min的旋转表面抛光机或超声波研磨机进行抛光。常用的抛光程序是：首先利用Φ3 mm、WA400#的轮子去除白色电火花层，然后利用手工油石研磨，研磨时加煤油作为润滑剂或冷却剂。一般的使用顺序为180#—240#—320#—400#—600#—800#—1 000#，许多模具制造商为了节约时间而选择从400#开始。

(2)半精抛。半精抛主要使用砂纸和煤油。砂纸的号数依次为：400#—600#—800#—1 000#—1 200#—1 500#。实际上1 500#砂纸只适用于淬硬的模具钢(52HRC以上)，而不适于预硬钢，因为抛光过程中可能会导致预硬钢件表面烧伤。

(3)精抛。精抛主要使用钻石研磨膏。若用抛光布轮混合钻石研磨粉或研磨膏进行研磨，则通常的研磨顺序是9 μm(1 800#)—6 μm(3 000#)—3 μm(8 000#)。9 μm的钻石研磨膏和抛光布轮可用来去除1 200#和1 500#号砂纸留下的发状磨痕。接着用黏毡和钻石研磨膏进行抛光，顺序为1 μm(14 000#)—1/2 μm(60 000#)—1/4 μm(100 000#)。

精度要求在1 μm以上(包括1 μm)的抛光工艺，在模具加工车间中一个清洁的抛光室内即可进行。若进行更加精密的抛光则必需一个绝对洁净的空间。灰尘、烟雾、头皮屑和口水沫等都有可能报废数小时工作后得到的高精密抛光表面。

2. 机械抛光中要注意的问题

用砂纸抛光应注意以下几点：

(1)用砂纸抛光需要利用软的木棒或竹棒。在抛光圆面或球面时，使用软木棒可更好地配合圆面和球面的弧度。而较硬的木条如樱桃木，则更适用于平整表面的抛光。修整木条的末端使其能与钢件表面形状保持吻合，这样可以避免木条(或竹条)的锐角接触钢件表面而造成较深的划痕。

(2)当换用不同型号的砂纸时，抛光方向应变换45°~90°角，这样前一种型号砂纸抛光后留下的条纹阴影即可分辨出来。在换不同型号砂纸之前，必须用100%纯棉花蘸取酒精之类的清洁液对抛光表面进行仔细的擦拭，因为一颗很小的砂砾留在表面都会毁坏接下去的整个抛光工作。从砂纸抛光换成钻石研磨膏抛光时，这个清洁过程同样重要。在抛光继续进行之前，所有颗粒和煤油都必须被完全清洁干净。

(3)为了避免擦伤和烧伤工件表面，在用1 200#和1 500#砂纸进行抛光时必须特别小心。因而有必要加载一个轻载荷以及采用两步抛光法对表面进行抛光。用每一种型号的砂纸进行抛光时都应沿两个不同方向进行两次抛光，两个方向之间每次转动45°~90°角。钻石研磨抛光应注意以下几点：

①尽量在较轻的压力下进行，特别是抛光预硬钢件和用细研磨膏抛光时。在用8 000#膏抛光时，常用载荷为100~200 g/cm^2，但要保持此载荷的精准度很难做到。为了更容易做到这一点，可以在木条上做一个薄且窄的手柄(比如加一铜片)或者在竹条上切去一部分而使其更加柔软。这样可以帮助控制抛光压力，以确保模具表面压力不会过高。

②不仅是工作表面要求洁净，工作者的双手也必须仔细清洁。

③每次抛光时间不应过长，时间越短，效果越好。如果抛光过程进行得过长将会造成“橘皮”和“点蚀”。

④为获得高质量的抛光效果，容易发热的抛光方法和工具都应避免。比如：抛光轮抛光，抛光轮产生的热量很容易造成“橘皮”。

⑤当抛光过程停止时，保证工件表面洁净和仔细去除所有研磨剂和润滑剂非常重要，随后应在工件表面喷淋一层模具防锈涂层。

5.2 喷　砂

3D打印塑料制品表面喷砂技术是绿色环保型表面处理工艺。用塑料专用喷砂机配合专用陶瓷珠和添加剂，对塑料表面直接进行喷砂，可一次性彻底消除塑料表面的夹水纹、流纹、模痕等，同时获得质地柔和、均匀的哑面效果。

喷砂机设备组成：

(1)主机由小转盘转动机构、喷枪摆动机构、喷砂室、操纵系统、仪表箱、电机等组成。

(2)喷砂枪分4组全部固定在摆动轴上，再由摆动电机牵引；喷嘴材质：进口碳化硼，喷嘴通径：$\Phi 8$ mm。

(3)除尘器由滤芯、脉冲除尘、离心风机、集尘斗、机体等组成。

(4)电气控制箱由PLC、过滤器、压力表、调压阀、电磁阀、行程开关及相应的管路和控制元件组成。

5.3 砂纸打磨

砂纸打磨是一种廉价且行之有效的方法，可以自己灵活处理，缺点是精度难以掌握，尤其是打磨比较微小的零部件时。一般用FDM技术打印出来的对象往往有一圈圈的纹路，对于电视机遥控器大小的零件，用砂纸打磨消除纹路只需15分钟。如果零件有精度和耐用性要求，则不要过度打磨。一般用120#或者220#的粗砂纸先去皮。砂纸按照由粗到细的顺序打磨，例如240#—320#—400#—600#。软材质可以不用粗砂纸打磨。

砂纸打磨过程可蘸水，干磨会减少砂纸的寿命。一般先打磨一处，磨好后检查一下粗细感觉，作为参照，将其他地方全部打磨均匀。用600#砂纸打磨以后，可以直接换1 200#砂纸打磨，同样可蘸水，直到产品没有划痕。用1 200#砂纸打磨好以后，可以直接用棉布加车蜡，多擦一会，可获得镜面效果。车蜡要用不防水的清洁蜡。用3 000#砂纸同理打磨好，换5 000#砂纸打磨，然后用干棉布或者旧牛仔裤，反复擦，可获得高镜面效果。

5.4 蒸汽平滑

蒸汽平滑处理是将3D打印零部件浸渍在蒸汽罐内(蒸汽罐底部已预先装入达到沸点的液体)，利用液体蒸气在上升过程中融化零件表面约2 μm左右的一层，使零部件表面变得光滑闪亮的方法。目前，蒸汽平滑技术已经被广泛应用于消费电子、原形制造和医疗应用等领域。然而，蒸汽平滑技术受到零件尺寸的限制，最大处理零件尺寸为3×2×3ft(1tf=30.48cm)。目前，蒸汽平滑最常见的处理对象是ABS和ABS-M30两种材料。图5-1所示为蒸汽平滑工艺处理的工件效果。

图5-1　3D打印后处理之蒸汽平滑

5.5 珠光处理

珠光处理是手持喷嘴朝着抛光对象高速喷射介质小珠，从而达到抛光效果的方法。珠光处理一般比较快,5~10分钟即可处理完成。处理过后产品表面光滑,比打磨的效果要好,而且根据材料不同可以有不同的效果。其缺点在于,一是价格昂贵,二是由于珠光处理一般要求在一个密闭的腔室里进行,所以它能处理的对象是有尺寸限制的,通常处理的模型都比较小,而且整个过程需要手持喷嘴,效率较低,不能批量应用。珠光处理喷射的介质常用的有两种:一种是很小的经过精细研磨的热塑性塑料颗粒,另一种是质地不是太硬的小苏打。小苏打后续清洁比塑料珠难度大。珠光处理还可以为对象零部件进行后续上漆、涂层和镀层做准备,这些涂层通常用于强度更高的高性能材料。图5-2所示为珠光处理效果。

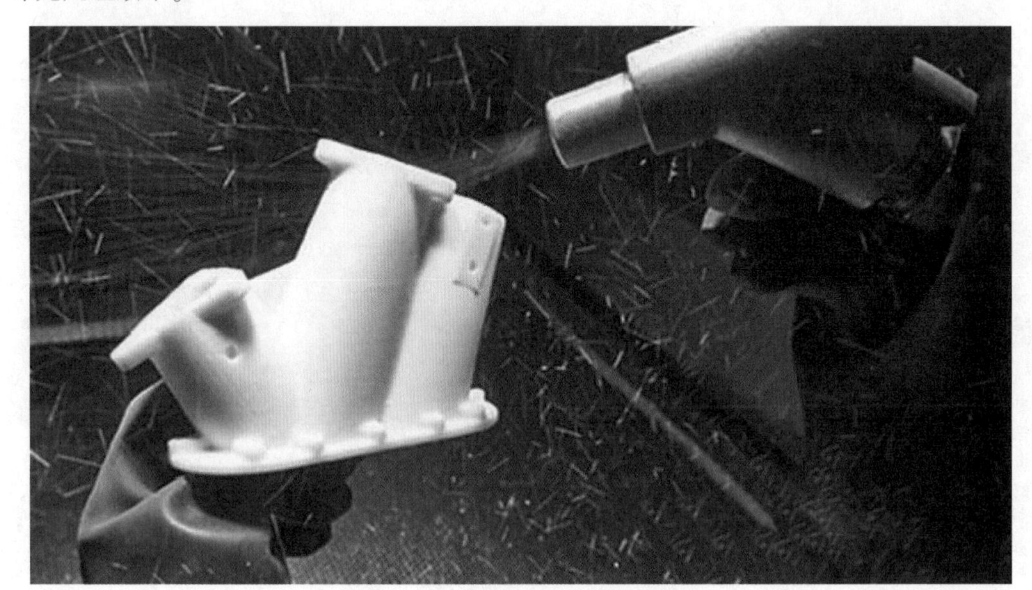

图5-2　3D打印后处理之珠光处理

5.6 上　色

除了全彩砂岩打印技术可以做到彩色3D打印之外，其他材料只可以打印单种颜色，例如ABS塑料、光敏树脂、尼龙、金属等。因此,有时需要对打印出来的物件进行上色,不同材料需要使用不同的颜料。

配色与个人的品味、对色彩的感觉和实际经验有关系,对色彩把握得当,则会获得良好的视觉效果。如果不太确定自己的配色是否合适,可以利用软件模拟出效果来直观判断。例如,可以用Photoshop软件,对自己拍摄的图片进行配色处理;如果有数字模型,可以用渲染软件Vray或Keyshot来处理。图5-3是用Keyshot简单渲染的亮黄色配色图。

根据模型上色经验来揣度上色后的视觉效果。一般来说,想让模型颜色偏深沉和饱满,可以上灰色底漆;想让颜色鲜艳明亮,可以上白色底漆。但是,白色底漆遮盖性不好,

图5–3　3D打印后处理之上色

对于彩色模型，即使喷涂多层也有颜色透出。当然，也可以用多种漆混合调色，可以调出想要的颜色。小型的喷漆工具主要有：喷漆用的龟泵、模型用喷笔、颜料、砂纸、手套、口罩、布条等。

上色前确保工件已经打磨2~3遍，表面比较光滑。开始统一底漆，不同明暗的可以用遮盖布条盖掉上色，然后开始喷漆上色。上色后的部件再经过组合拼接就可以得到美观的3D作品了。

第6章 3D打印及逆向三维数字建模实训

本章主要分为两个部分：一部分，将3D打印的实际操作过程通过实例进行展现，所选实例从简单到复杂、从单一模型到组合模型，重点介绍模型在3D控制软件中的设置以及相关注意事项；另一部分，简单介绍Geomagic Studio三维数字模型逆向建模软件操作，通过配套相关实例，进一步扩展读者对于3D打印领域相关配套软件的认识及其实际操作。最终，通过上述两部分实例来加深读者对3D打印过程的认识。

6.1 3D打印实训

实训1——烟灰缸3D打印

实训分析

烟灰缸是一个最简单的模型，如图6-1所示。因此，通过本例让读者掌握简单模型的3D打印过程及其关键设置。

实训目标

- 掌握3D打印基本模型的建模方法。
- 掌握打印简单模型3D打印控制软件的设置。
- 掌握打印简单模型3D打印机的设置。

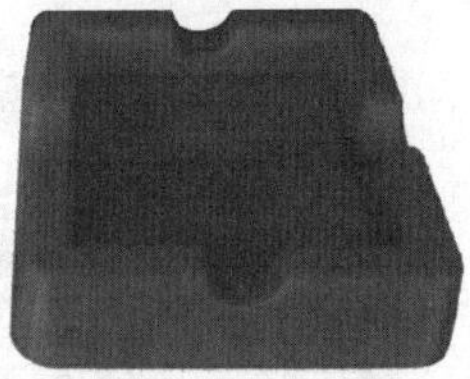

图6-1 烟灰缸

操作步骤

步骤1 通过3ds Max软件对一个烟灰缸进行建模，如图6-2所示。保存的时候将模型转存为3D打印机所需要的STL格式（UG等其他软件也可以）。

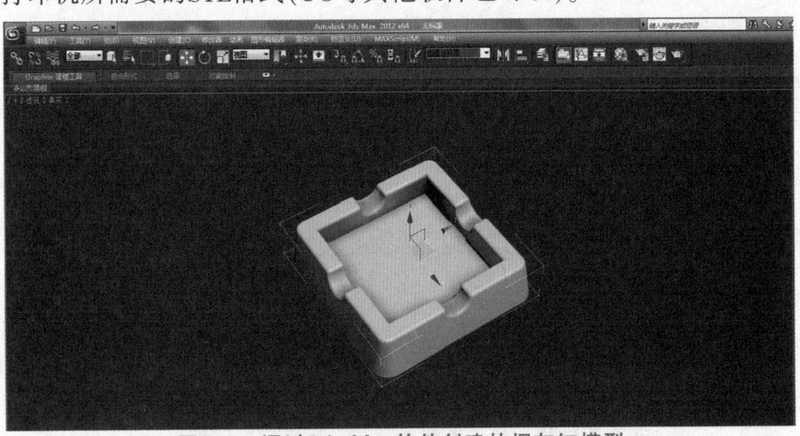

图6-2 通过3ds Max软件创建的烟灰缸模型

步骤2　打开Cura软件，将上述烟灰缸文件拖入Cura软件中，得到如图6-3所示结果。

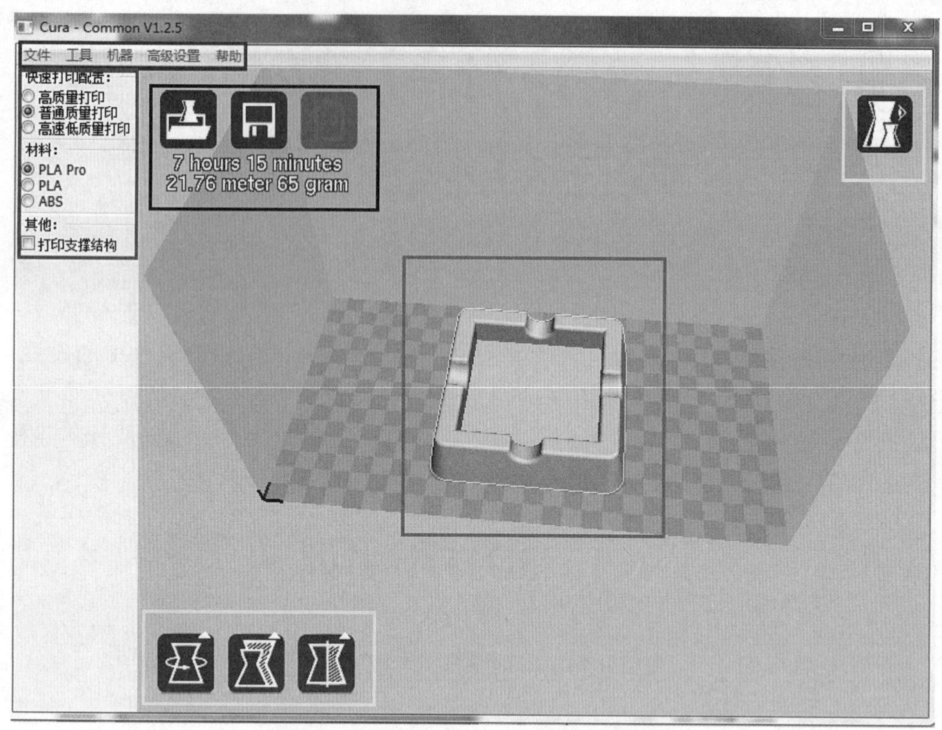

图6-3　烟灰缸文件在Cura软件中的显示

步骤3　单击菜单栏“文件”→“首选项”，进入首选项菜单，如图6-4所示，可以进行模型颜色、语言类型、材质等的设置。设置完毕后务必保存文件。

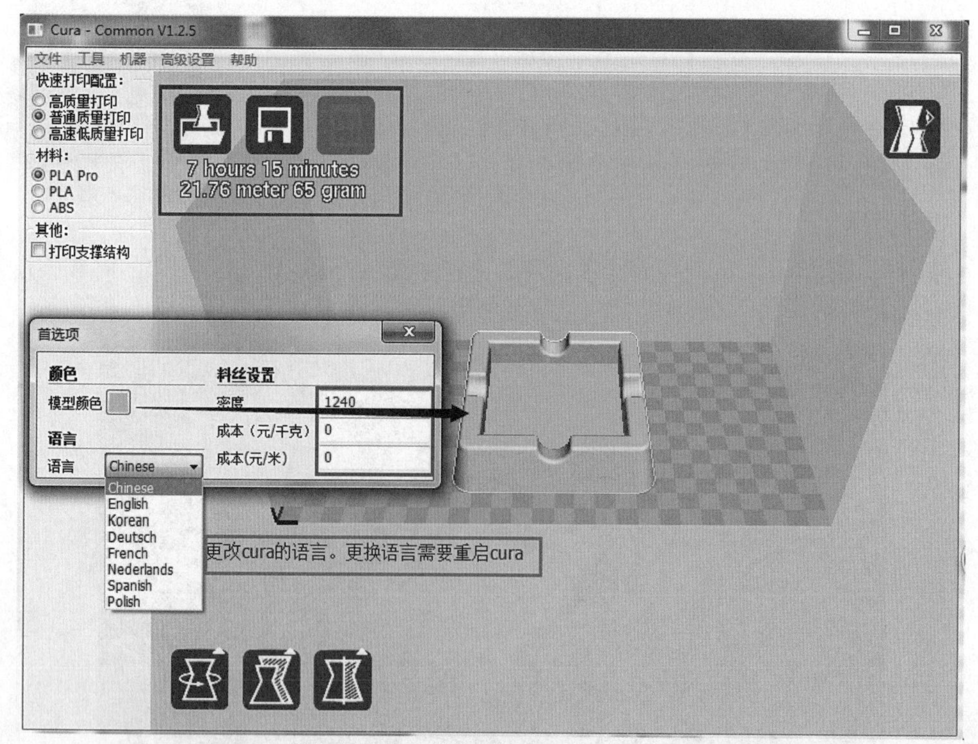

图6-4　首选项菜单中的模型颜色、语言类型、材质等设置

注意:语言切换后需要重启 Cura才能生效。

步骤4 单击菜单栏“机器”→“机器设置”,进入机器设置界面,如图6–5所示。其中,蓝色方框表示机器打印平台的尺寸,软件已经根据用户选择的机型进行了预设,不要改动这些数据;红色方框表示机器的相关设置,包括添加用户需要的新机型,删除不需要的机型,也可以修改机型名称。修改机型名称不会改变任何打印参数设置。

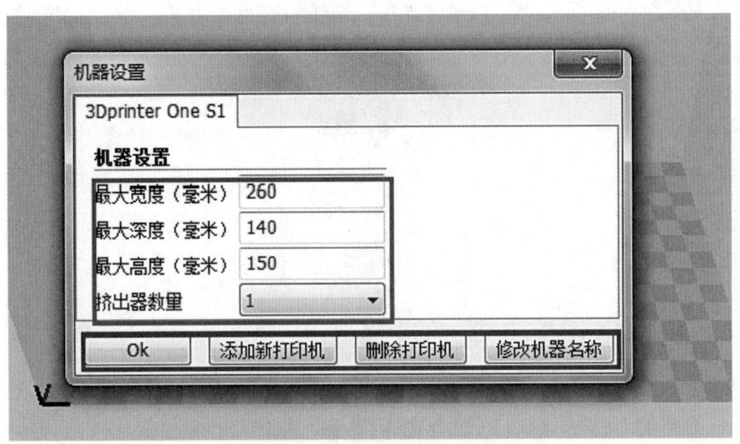

图6–5 机器设置界面

步骤5 进行最为关键的打印参数设置操作。单击菜单栏“高级设置”→“切换到完全设置模式”,进入完全设置模式界面,如图6–6所示。其中,红色方框为打印质量参数,主要包括:

①层高:即常说的打印精度,一般选择 0.1~0.25 mm,数据越小,模型精细度越高,本例中设置为0.1 mm。

②外壳层厚,即最外层表面的厚度,一般设置为喷嘴尺寸的倍数(即0.4的倍数),本例中设置为0.8 mm。

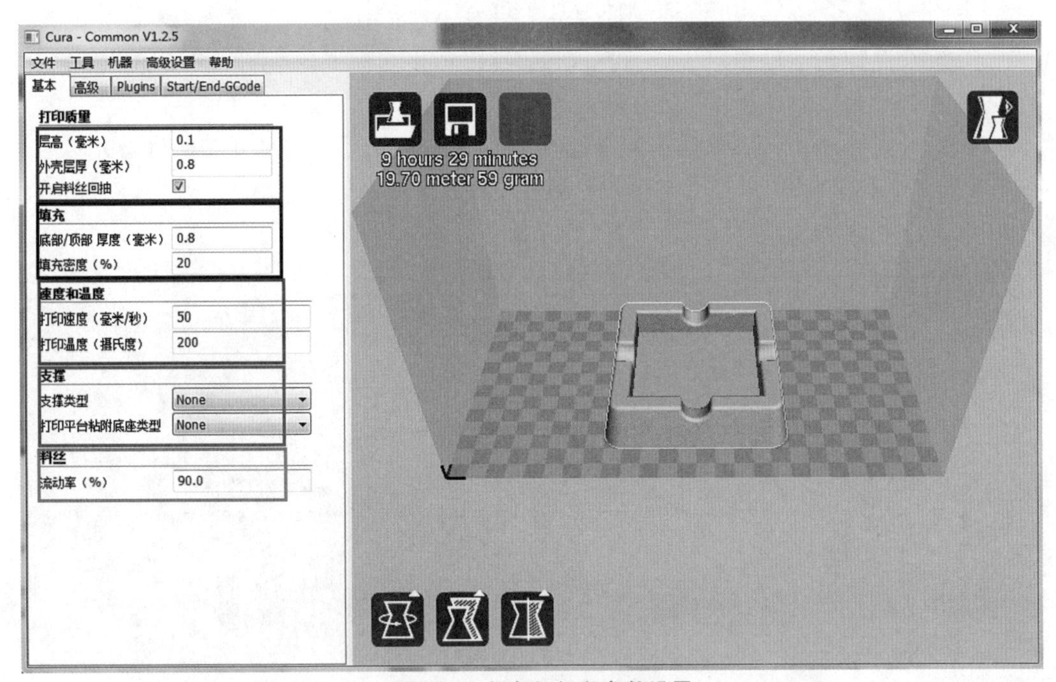

图6–6 烟灰缸打印参数设置

黑色方框为填充参数，主要包括：①底部和顶部厚度：模型底层和顶层的厚度，建议使用和外壳相同的参数，本例中我们设置为0.8 mm；②填充密度：模型的填充率，一般模型内部可以不完全填充，这种情况下不会影响表面质量，只影响强度，为了提高打印速度，本例中我们设置为20%。

蓝色方框为速度和温度参数，主要包括：① 打印速度：如果打印物体比较小，请使用较低的速度，本例中我们设置为50 mm/s；②打印温度：即打印喷头的温度，一般情况下打印PLA/PLA pro耗材温度为195℃~210℃，打印ABS耗材温度为230℃，本例中我们设置为200℃。

绿色方框为支撑参数，主要包括：①支撑类型："None"为不使用支撑，"Touching build plate"为外部支撑，"Everywhere"为完全支撑，根据模型悬空情况来选择支撑类型，本例中不需要设置支撑，因此设置为None类型；②打印平台黏附底座类型："None"为不使用衬垫，"Brim"为边沿衬垫，"Raft"为底部网格，本例中不需要使用衬垫，因此设置为None类型。

橙色方框为料丝流动率参数，料丝流动率参数一般为90%。

注意：当所填入的参数有错误或者无效时，软件会使用黄色和红色进行提示，黄色表示警告，红色表示错误，鼠标悬停时可以看到提示，如图6-7所示。

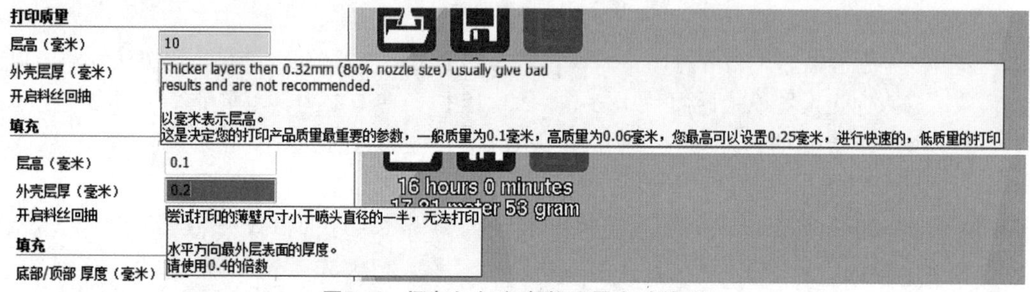

图6–7　烟灰缸打印参数设置自动检测

步骤6　打印参数设置完毕后，打开Cura软件，单击界面上红色箭头指向的"Load"加载按键，在弹出的窗口中选择需要打印的模型。

注意：如图6–8所示，黄色箭头指向的为进度条，Cura的切片引擎是始终自动开启的，当模型或者参数改变时，引擎会重新开始切片。对于配置较低的电脑，频繁修改参数和改变模型，在引擎启动时可能会造成卡顿，所以操作速度不能过快。

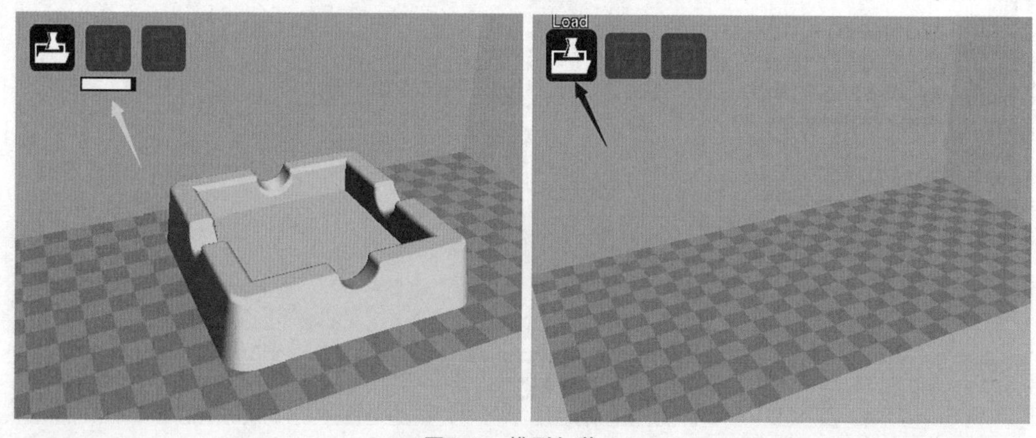

图6–8　模型加载

当模型加载完毕以后，可以通过相关操作（旋转、缩放、镜像等）来对模型进行检查，以确保模型加载后不存在破损、部分缺失等问题，如图6-9—图6-17所示。

图6-9中，红色方框为模型旋转设置。单击旋转按钮，然后按着鼠标左键不放，拖动模型周围的环形边框来调整模型，可以从*X*、*Y*、*Z*三个方向进行旋转调整模型。

图 6-10中，黄色方框为模型缩放设置。单击缩放按钮，会弹出模型缩放比例和模型尺寸的对话框，在"Scale"项输入需要缩放的比例因子来调整模型大小。红箭头所指的锁图标为锁定状态时，任一个方向的缩放都是对模型整体进行缩放；当锁图标为打开状态时，可以对模型进行单方向的缩放。

图6-11中，蓝色方框为模型镜像，单击镜像按钮，会弹出三个按键，分别代表 *X*、*Y*、*Z* 三个方向。

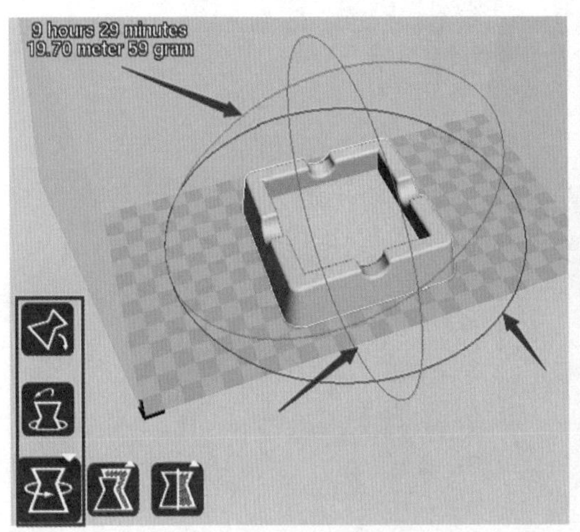

图6-9　烟灰缸旋转操作

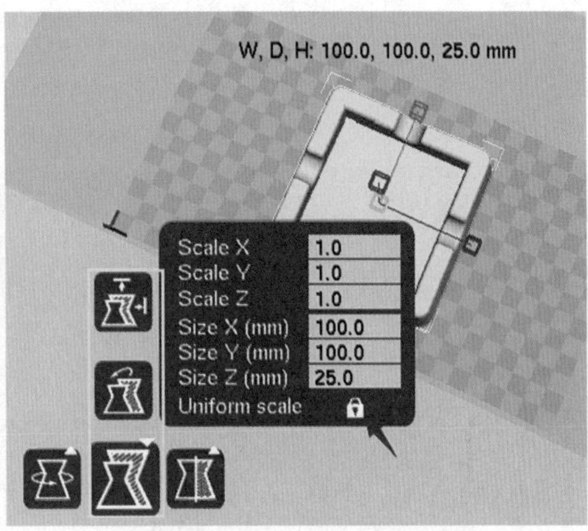

图6-10　烟灰缸缩放操作

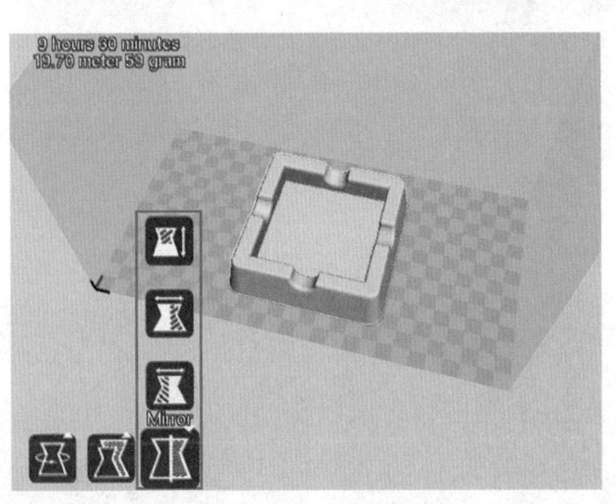

图6-11　烟灰缸镜像操作

图6-12中，绿色方框为烟灰缸模型查看，单击 按钮，会弹出五个模式按键，分别为"Normal"正常模式，仅显示模型外观，一般默认为这种模式，如图6-13所示；"Overhang"悬垂模式，会指示模型悬垂的部分，这些部分在没有支撑的情况下可能会下垂，如图6-14所示蓝色箭头所指的红色区域；"Transparent"透明模式，可以看到模型的内部结构，如图6-15所示；"X-Ray"X光模式，类似于透明模式，但忽略了表面，如图6-16所示；"Layers"分层模式，可以看到喷头的移动路径以及支撑结构，如图6-17所示。

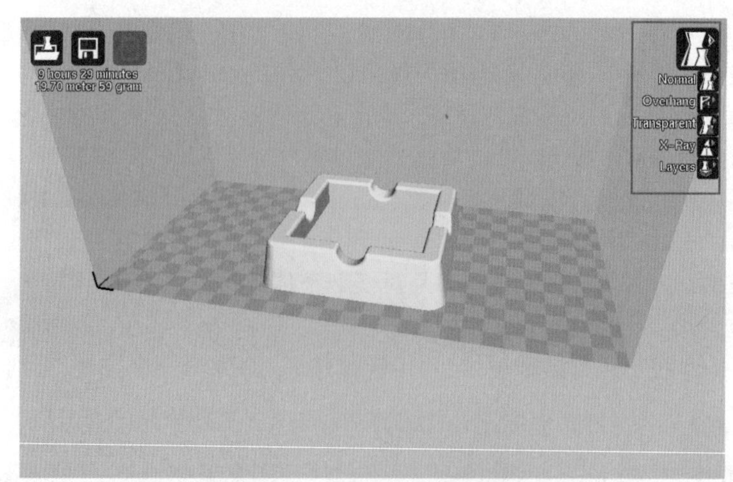

图6-12　烟灰缸模型查看操作

图6-13　烟灰缸“Normal”正常模式

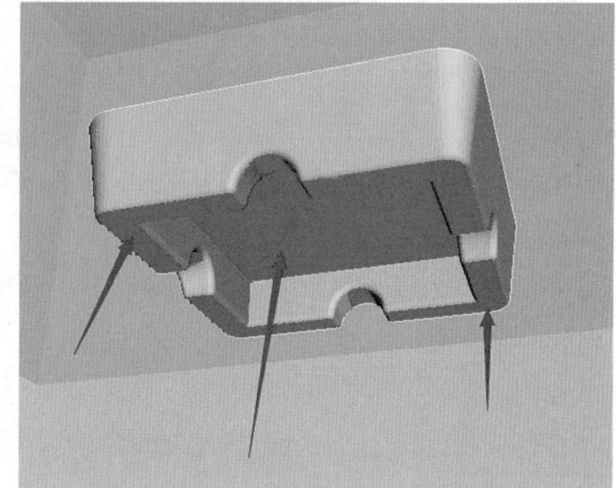
图6-14　烟灰缸“Overhang”悬垂模式

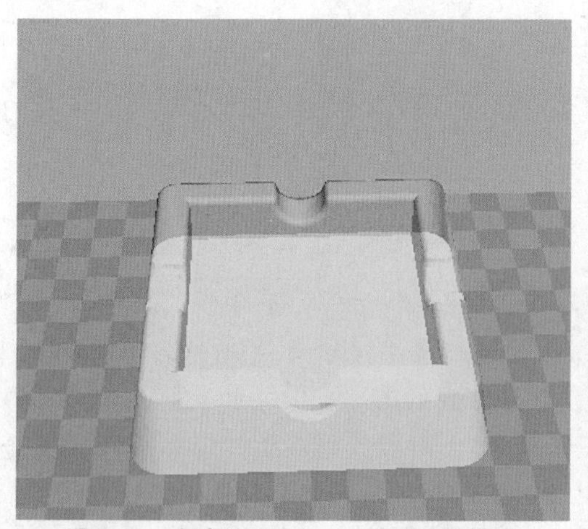
图6-15　烟灰缸“Transparent”透明模式

图6-16　烟灰缸“X-Ray”X光模式

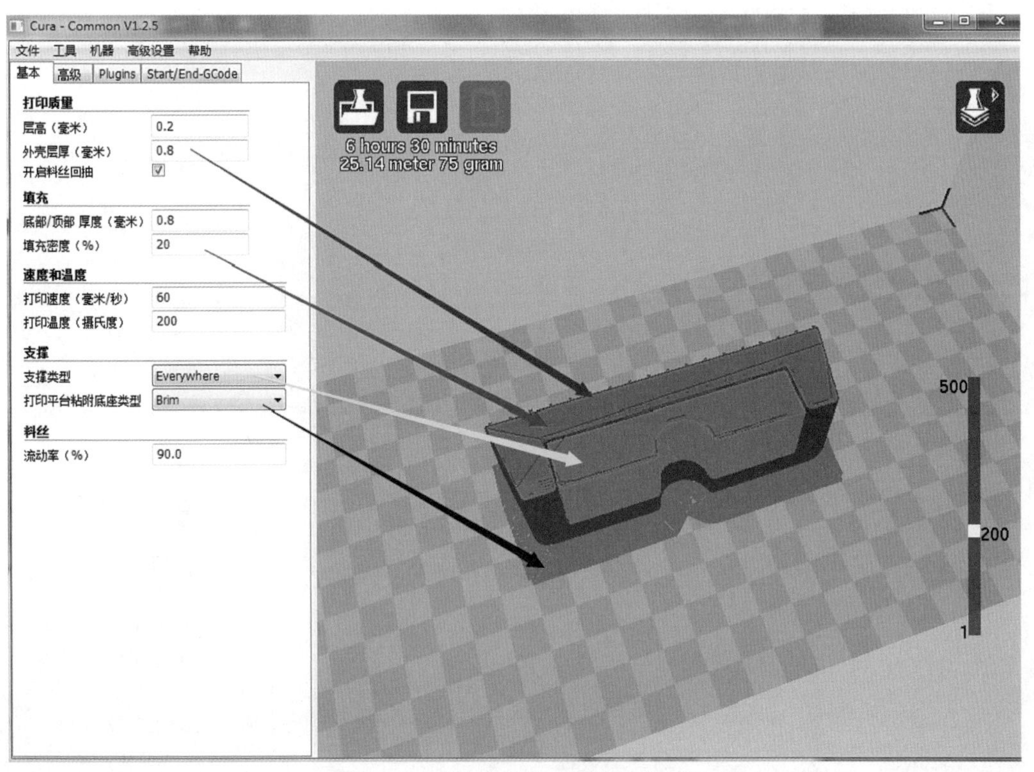

图6-17　烟灰缸“Layers”分层模式

步骤7　完成参数设置和相关操作后，进入最后一步，即生成Gcode代码及X3G文件，如图6-18至图6-21所示。在图6-18中，黄色箭头所指的数据，是模型转换的结果，包括打印耗时和料丝使用量，如果设置料丝的成本，则会显示模型成本。此时，保存按钮可以使用。单击红色箭头所指的按钮，生模型生成Gcode代码。模型生成Gcode代码时，蓝色箭头所指的图标由灰色变成白色，如图6-19所示，说明该按钮可以使用，单击该按钮生成X3G 文件。模型生成 X3G 文件时，会弹出如图6-20所示的进度条。X3G文件保存完成后，会弹出如图6-21所示的提示，即X3G文件的存储路径。至此，烟灰缸模型的3D打印设置工作完成，接下来就是将完成的模型文件导入打印机打印。

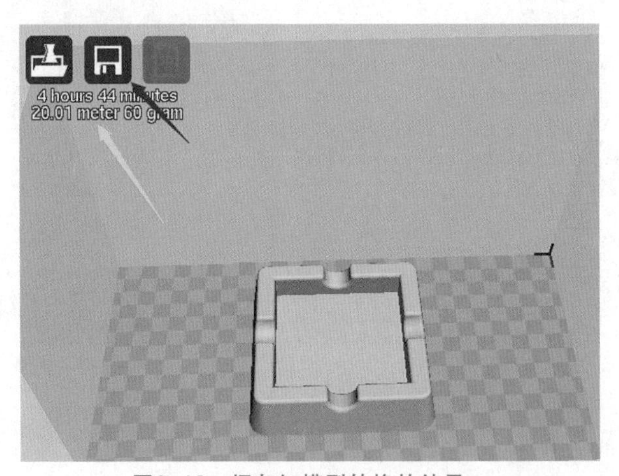

图6-18　烟灰缸模型转换的结果

图6-19　烟灰缸模型生成Gcode代码

图6-20　烟灰缸模型X3G文件生成进度条

图6-21　烟灰缸模型X3G文件的存储路径

步骤8　图 6-22 和图 6-23 所示为将烟灰缸 X3G 文件导入 3D 打印机后，打印机开始打印和打印结束。图 6-22 为开始打印第一层时，打印出的边缘轮廓。图 6-23 为烟灰缸打印完成后的样品。

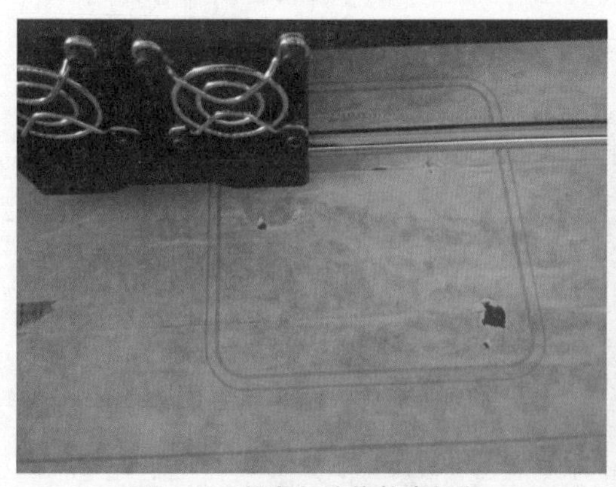

图6-22　烟灰缸边缘轮廓打印

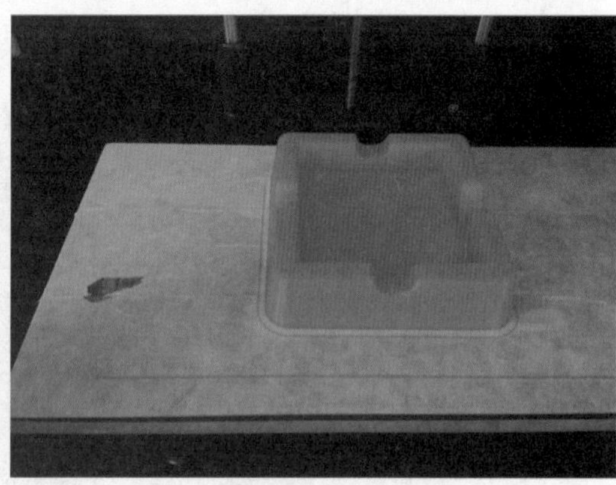

图6-23　烟灰缸打印完成

实训2——4缸发动机模型3D打印

实训分析

发动机是一个组合模型,因此在打印过程中有别于单一模型的打印。通过本例让读者掌握组合模型的3D打印操作及其关键设置。本实例所打印模型如图6-24所示。

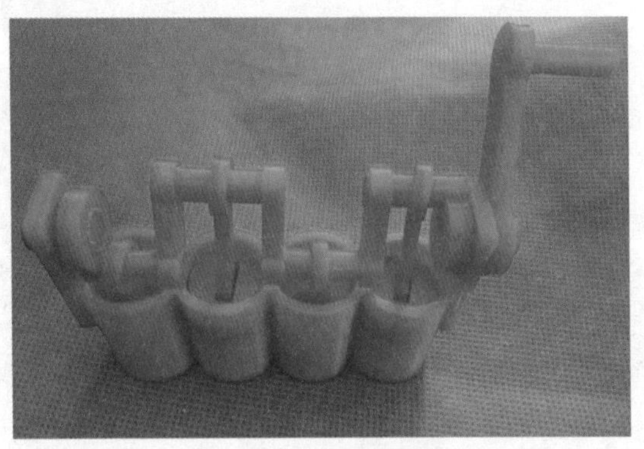

图6-24　4缸发动机模型

实训目标

- 掌握基本模型的建模方法。
- 掌握打印组合模型3D打印控制软件的设置。
- 掌握打印组合模型3D打印机的设置。

操作步骤

步骤1　在相关建模软件里把各个模型做好,本例主要分为四大块,如图6-25所示。注意对于组装的模型尽量分别保存,防止个别件损坏影响效果,如图6-26所示。

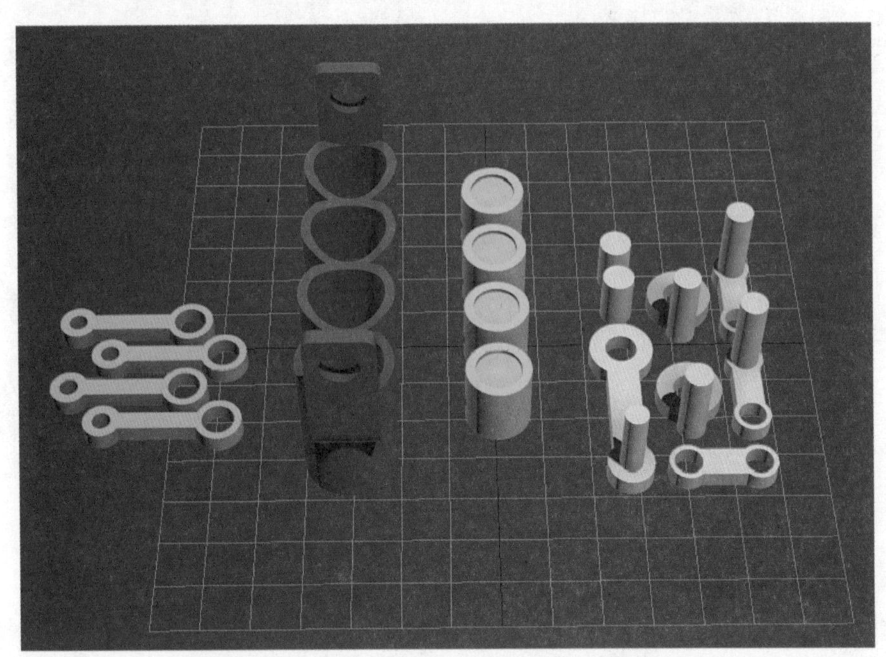

图6-25　通过3ds Max软件创建的发动机部件模型

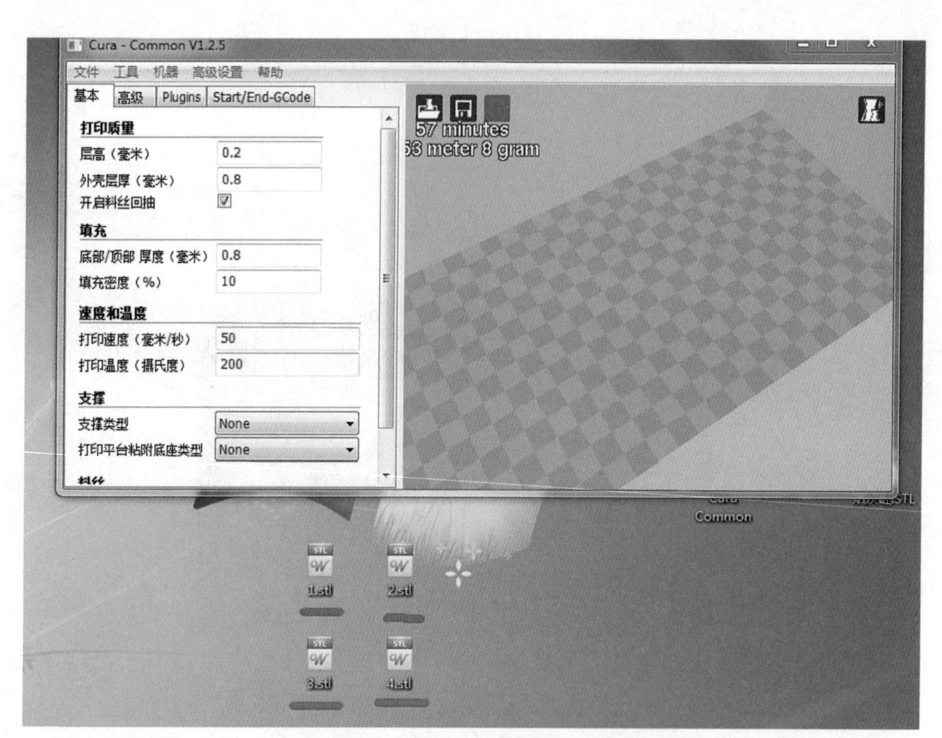

图6-26　分别保存的发动机部件

步骤2　Cura 软件是支持多个物体同时打印的，我们把 4 个模型分别导入 Cura 软件，并且调整好摆放位置，如图 6-27 所示。

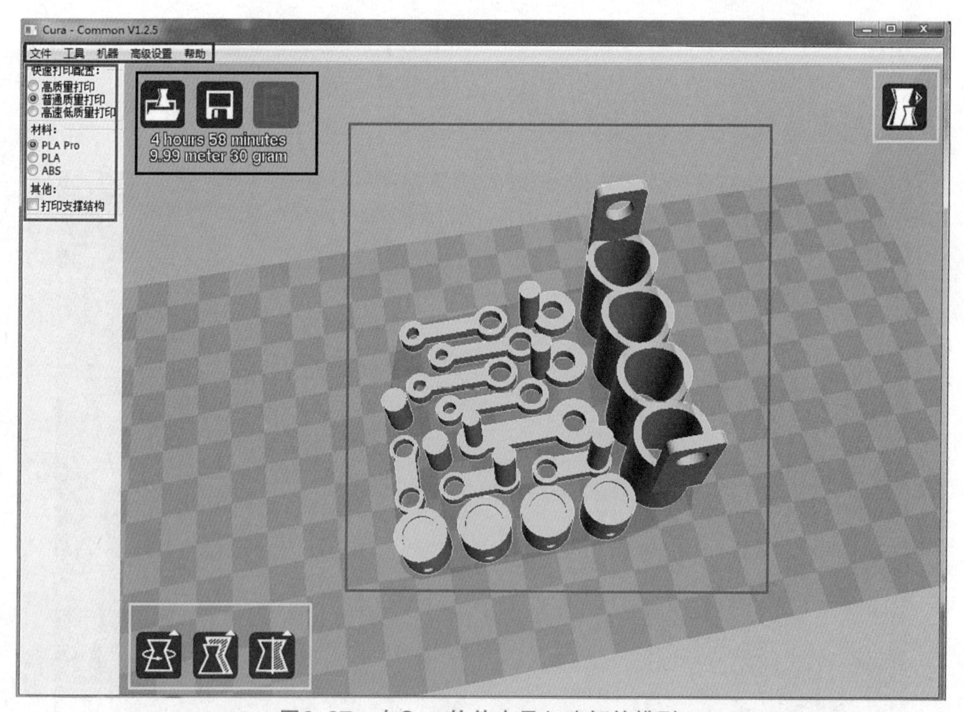

图6-27　在Cura软件中导入建好的模型

步骤3　单击菜单栏“文件”→“首选项”，进入首选项菜单，如图 6-28 所示，可以进行相关设置(具体设置说明在实例 1 中已经详细介绍，此处不再赘述)。

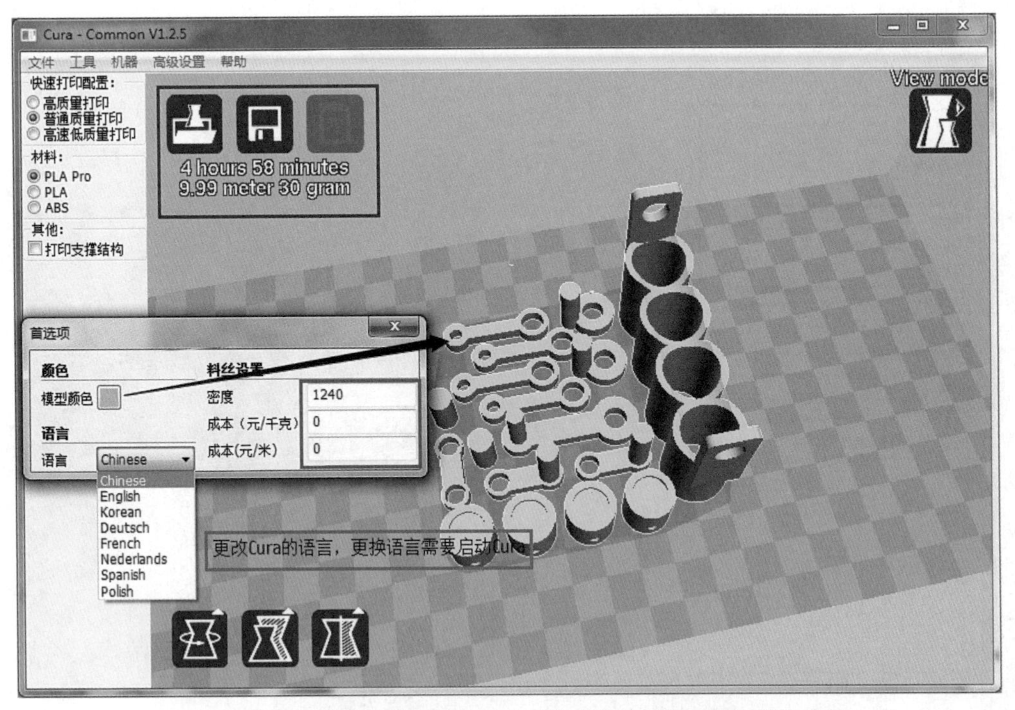

图6–28 组合模型在首选项菜单中的模型颜色、语言类型、材质设置

步骤4 单击菜单栏“机器”→“机器设置”，进入机器设置界面，设置相关尺寸参数，该处与打印机有关，设置数据与实例 1 相一致，如图 6–29 所示。

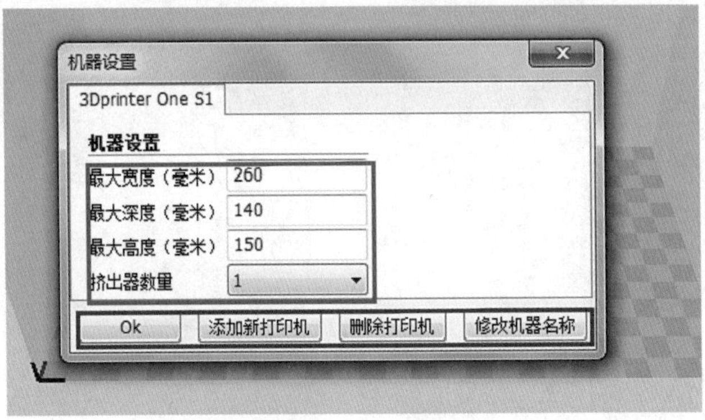

图6–29 机器设置界面

步骤5 打印参数设置。单击菜单栏“高级设置”→“切换到完全设置模式”，进入完全设置模式界面进行相关设置。具体设置说明在实例 1 中已经详细说明，此处不再赘述。本例设置的数据如图 6–30 所示。

步骤6 模型加载。打开 Cura 软件，如图 6–31 所示，单击界面上红色箭头指向的“Load”加载按钮，在弹出的窗口中选择需要打印的模型。模型加载后同样可以进行旋转、缩放、镜像等相关操作，如图 6–32 和图 6–35 所示。同样，可以对模型进行不同模式的查看，如图 6–36 至图 6–40 所示。

图6-30　发动机模型打印参数设置

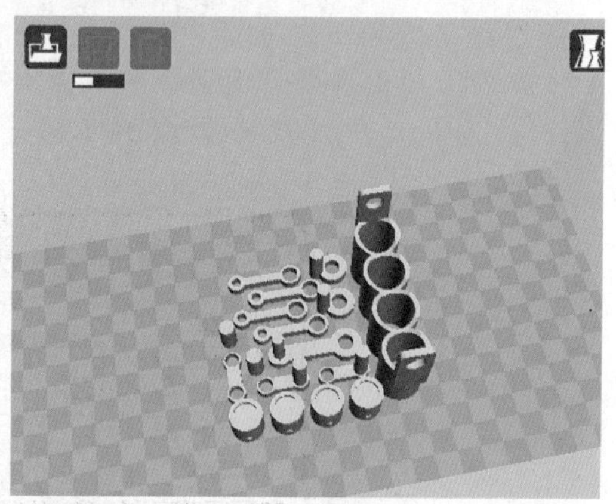

图6-31　发动机模型加载

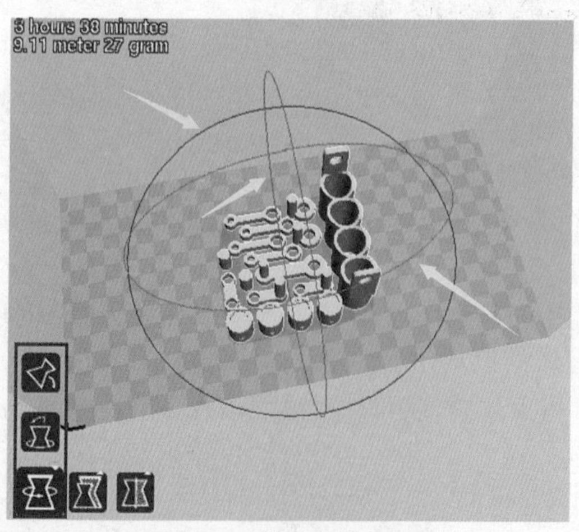

图6-32　模型旋转设置

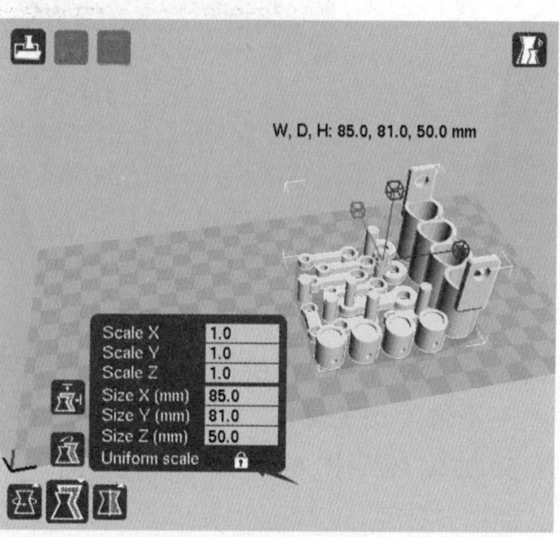

图6-33　模型缩放设置

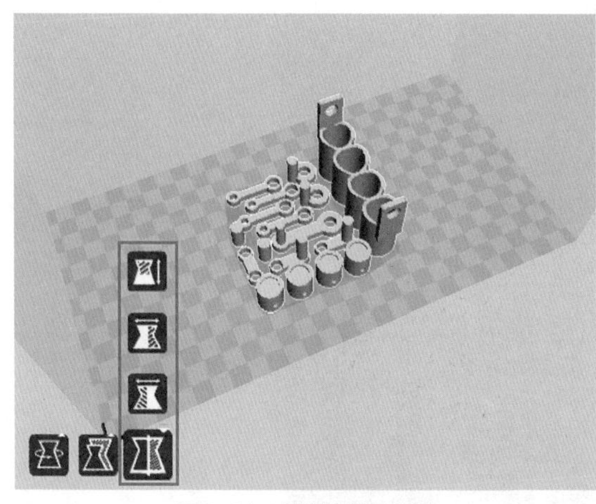

图6-34　模型镜像设置

图6-35　模型查看选项设置

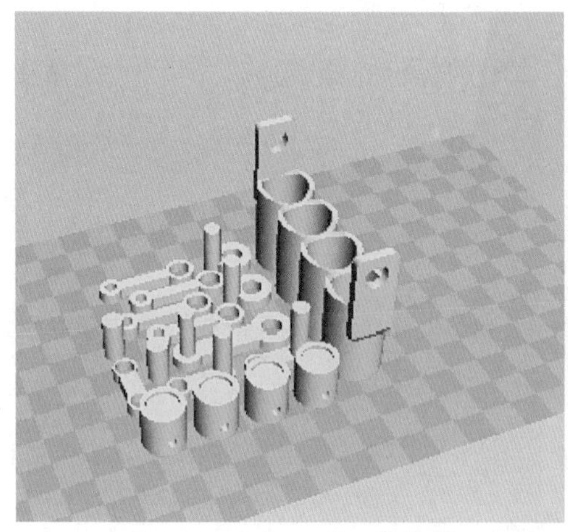

图6-36　"Normal"正常模式

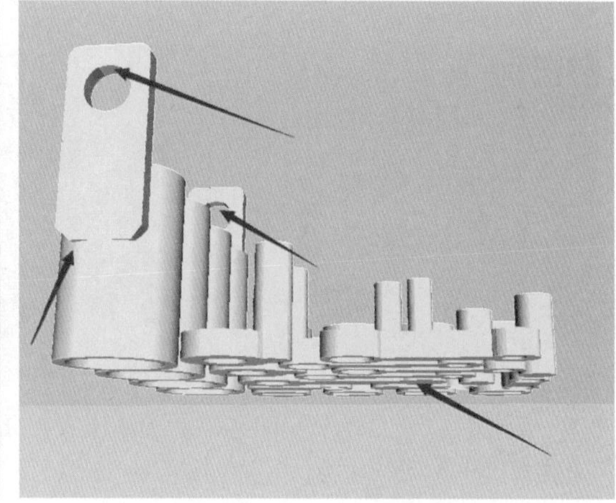

图6-37　"Overhang"悬垂模式

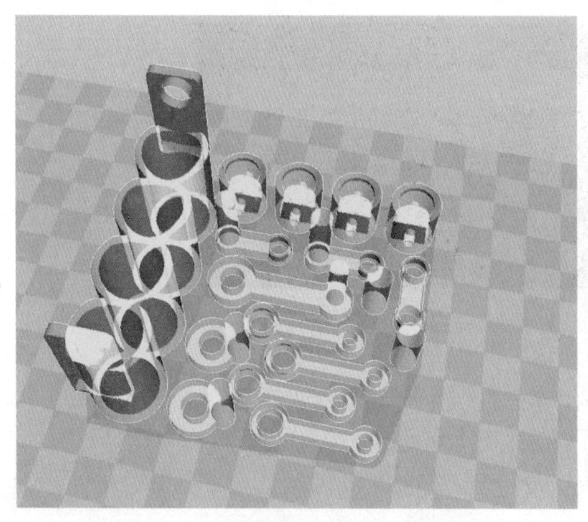

图6-38　"Transparent"透明查看模式

图6-39　"X-Ray"X 光模式

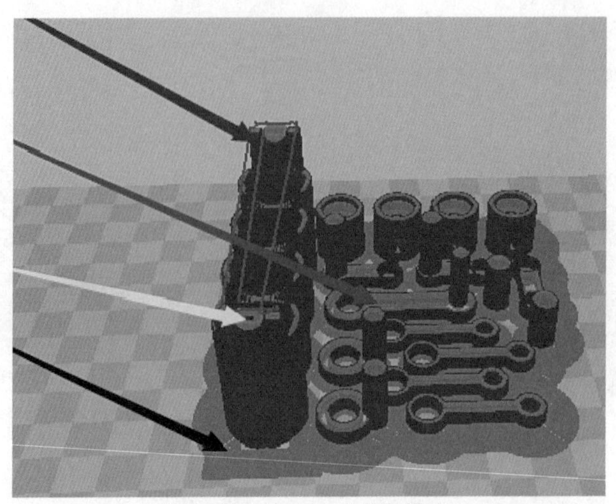

图6-40 "Layers"分层模式

步骤7 生成Gcode代码及X3G文件,如图6-41所示

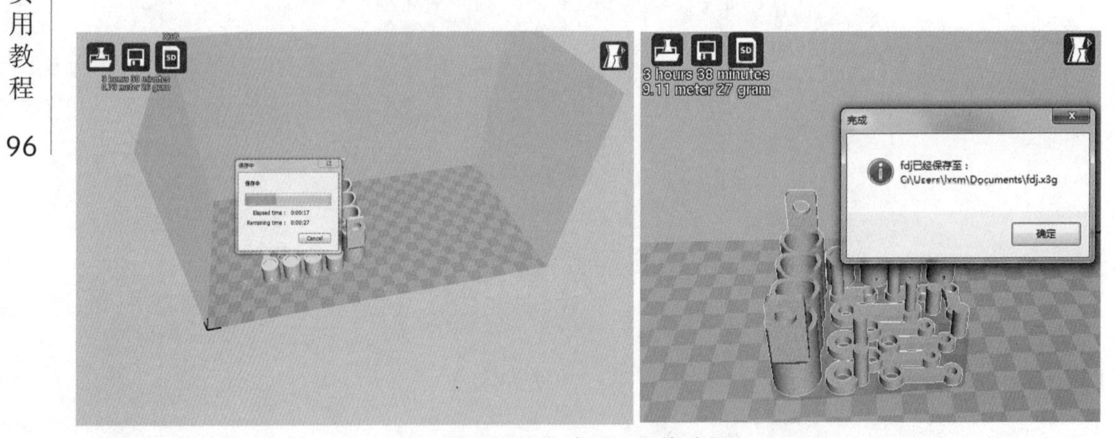

图6-41 生成X3G文件过程

步骤8 在操作面板上选择"打印SD卡中文件"→"fdj.x3g",按OK键开始打印,如图6-42所示。

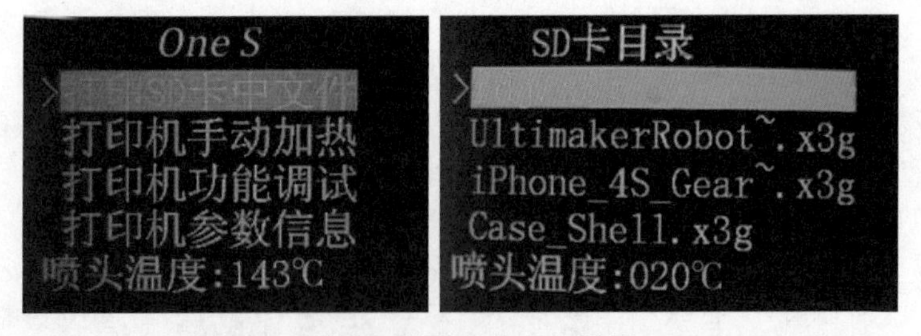

图6-42 发动机模型3D打印机设置

注意:文件名不能使用中文,文件名长度不可超过20个字符,否则机器无法识别或显示乱码。

如图6-43至图6-46所示为打印过程中各阶段得到的模型形貌。

图6-43 打印出第一层边缘

图6-44 打印一半状态

图6-45 打印完成

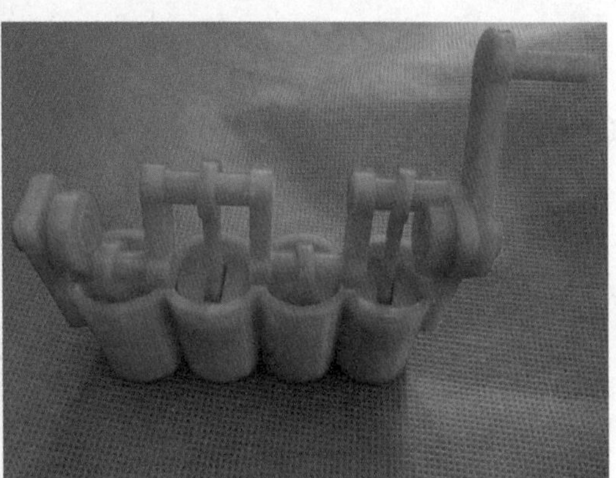
图6-46 最终模型组装图

实训3——工艺品模型3D打印

实训分析

本例选用佛像模型作为3D打印实例，如图6-47所示。佛像的面结构较为复杂，因此，通过本例可以让读者了解和掌握复杂面模型打印过程及其关键设置。

实训目标

- 掌握基本模型的建模方法。
- 掌握打印佛像模型3D打印控制软件的设置。
- 掌握打印复杂面模型3D打印机的设置。

图6-47 佛像工艺模型

操作步骤

步骤1 在相关建模软件里把各个模型做好，导出为Cura软件算需要的STL格式，如图6-48所示。

步骤2 把文件拖入Cura软件，调整位置，使模型居中，如图6-49所示。

步骤3 单击菜单栏“文件”→“首选项”，进入首选项菜单，如图6-50所示，可以进行相关设置（具体设置说明在实例1中已经详细介绍，此处不再赘述）。

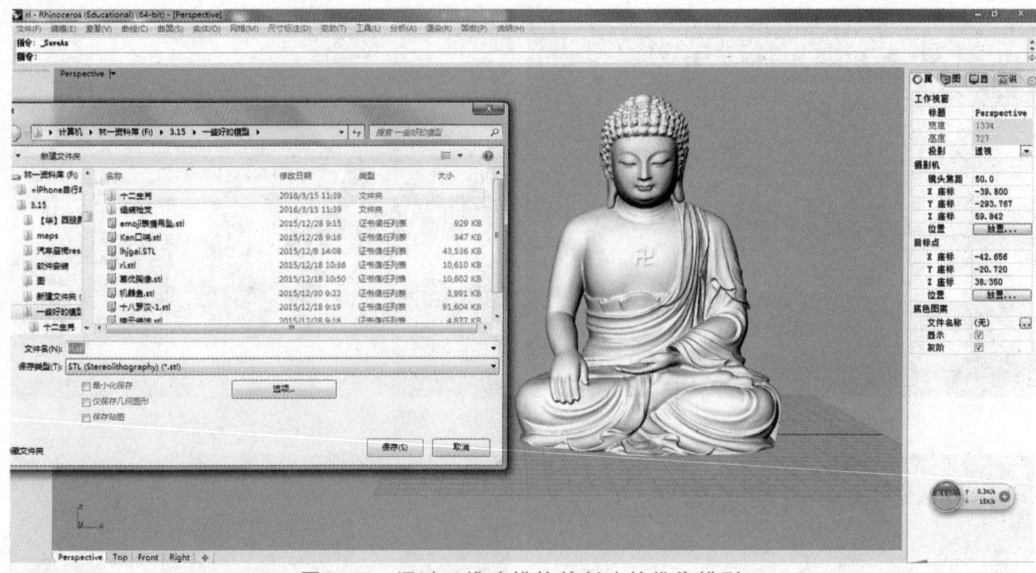

图6–48　通过三维建模软件创建的佛像模型

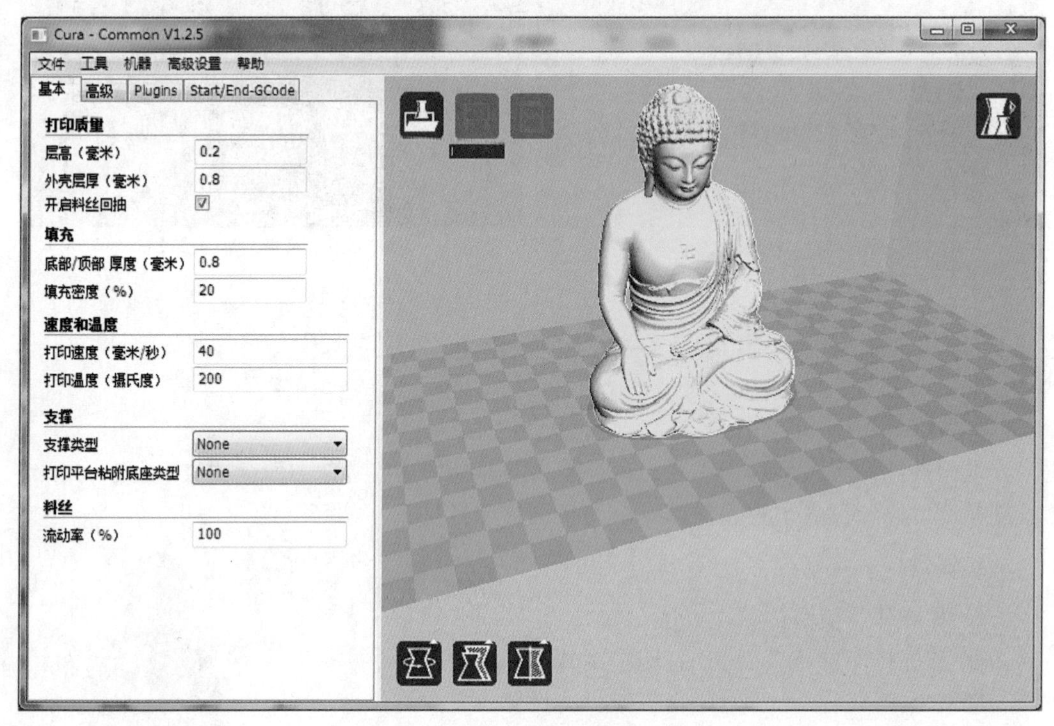

图6–49　Cura软件中模型位置

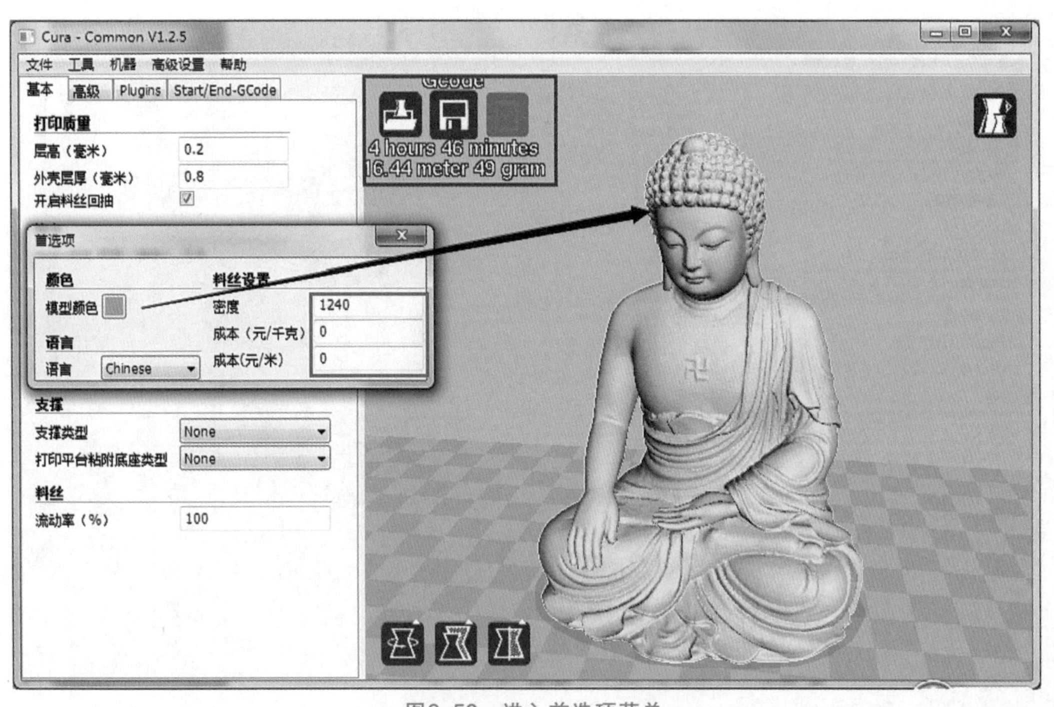

图6–50 进入首选项菜单

步骤4 单击菜单栏“机器”→“机器设置”，进入机器设置界面，设置相关尺寸参数。该处设置与打印机有关，设置数据与实例1相一致，如图6–51所示。

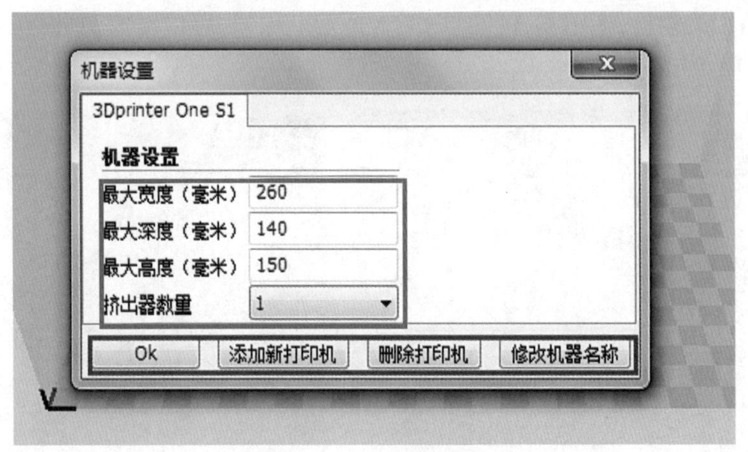

图6–51 机器设置界面

步骤5 打印参数设置。单击菜单栏“高级设置”→“切换到完全设置模式”，进入完全设置模式界面进行相关设置。具体设置说明在实例1中已经详细介绍，此处不再赘述。

需要强调说明的有三点：

(1)层高0.06，这样设置已经能让模型达到最优精密度。

(2)填充密度10%，佛像模型属于艺术品，对模型坚硬程度要求不高。

(3)不加支撑可以让模型效果更好(FDM逐层堆积的标准角度在45°左右，本模型符合标准，可以不加支撑)。

本例设置的数据如图6–52所示。

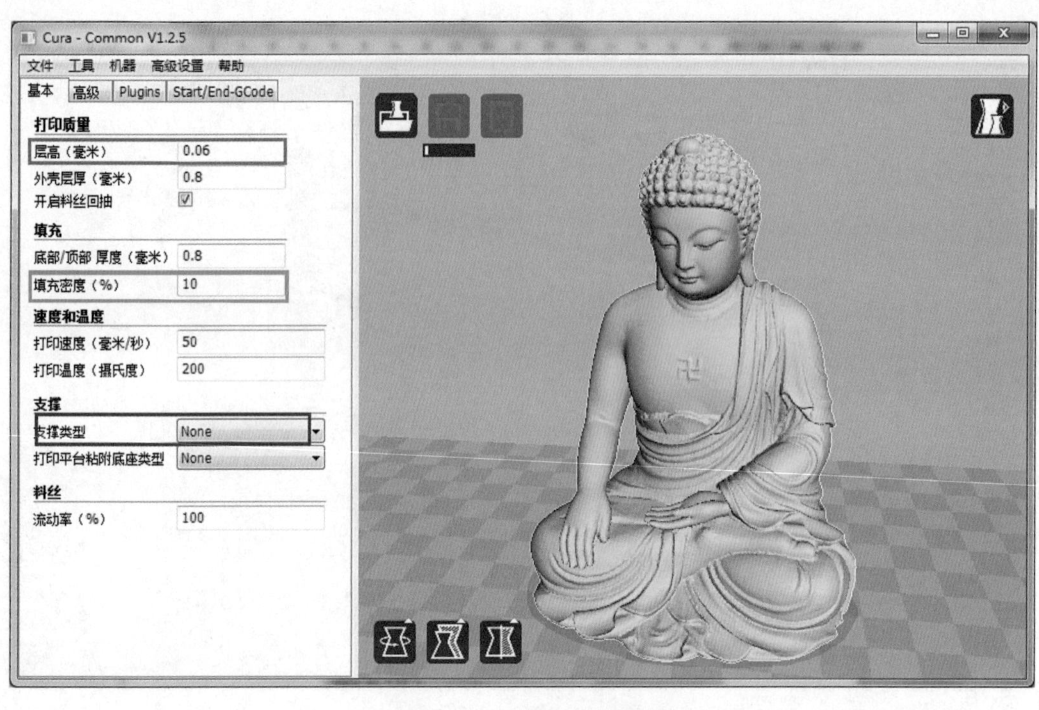

图6-52　佛像模型设置界面

步骤6　模型加载。打开 Cura 软件，如图 6-53 所示，单击界面上红色箭头指向的“Load”加载按钮，在弹出的窗口中选择需要打印的模型。模型加载后同样可以进行旋转、缩放、镜像等相关操作，如图 6-54 至图 6-58 所示。同样，可以对模型进行不同模式的查看，如图 6-59 至图 6-62 所示。

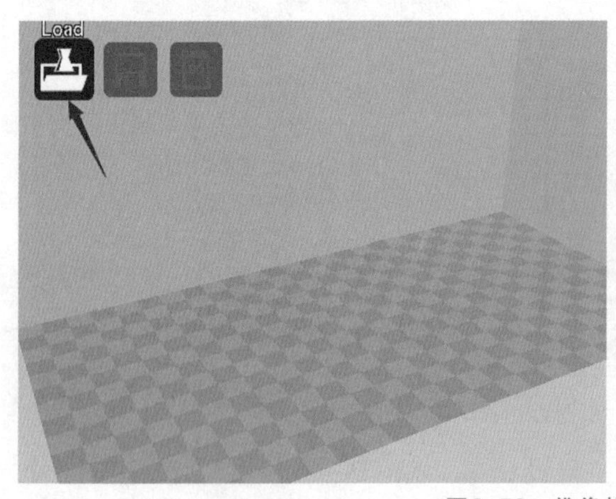

图6-53　佛像模型加载过程

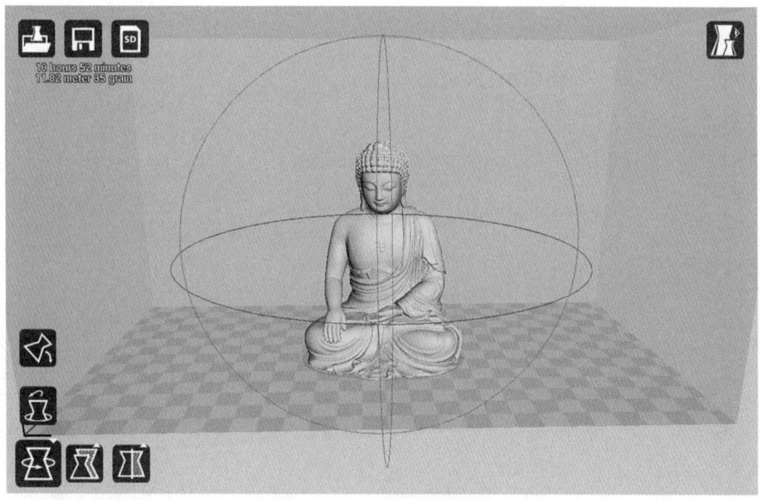

图6-54　模型旋转设置

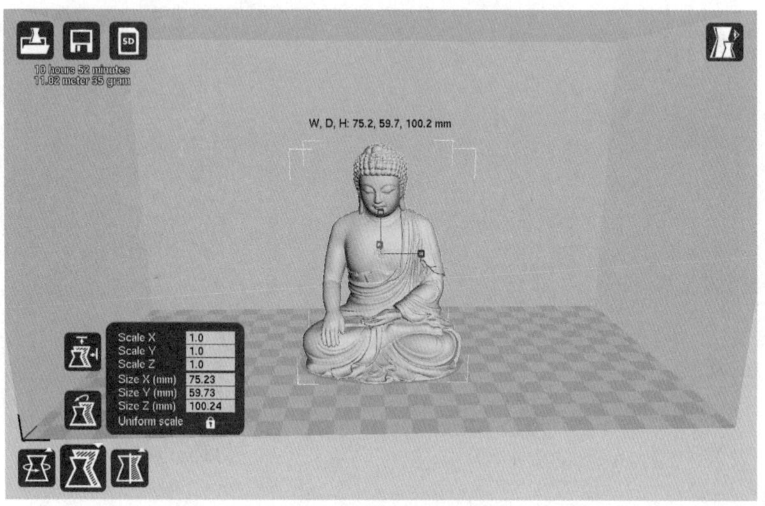

图6-55　模型缩放设置

图6-56　模型镜像设置

图6-57 查看选项设置

图6-58 “Normal”正常模式

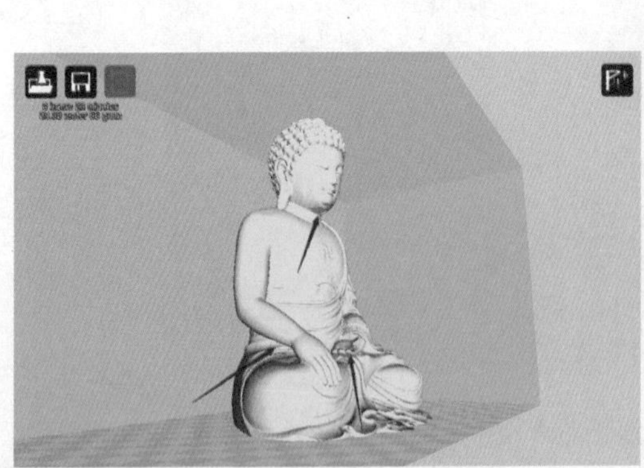
图6-59 “Overhang”悬垂模式

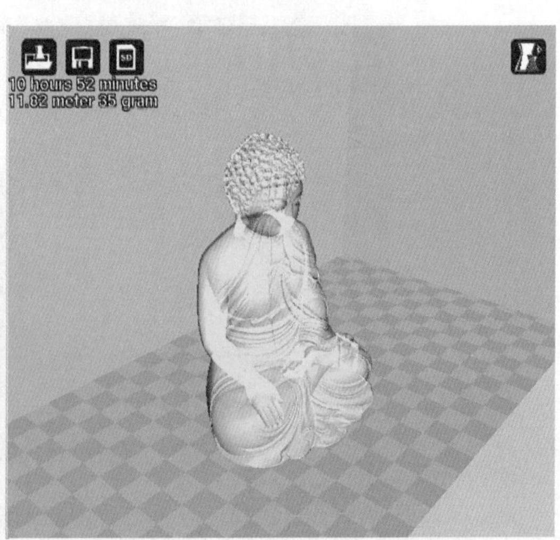

图6-60 “Transparent”透明查看模式

图6-61 "X-Ray"X 光模式

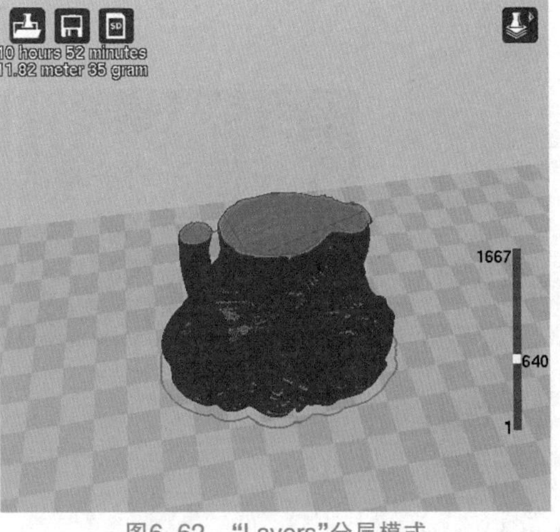

图6-62 "Layers"分层模式

步骤7 生成 Gcode 代码及 X3G 文件,如图 6-63 所示。

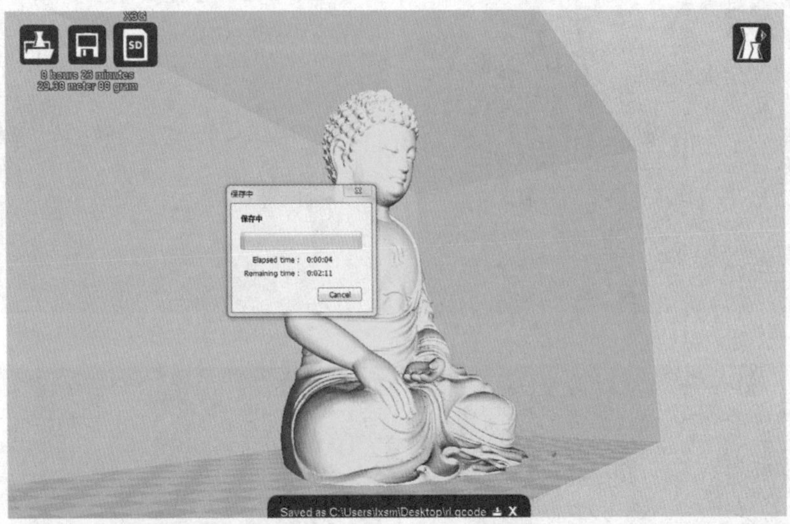

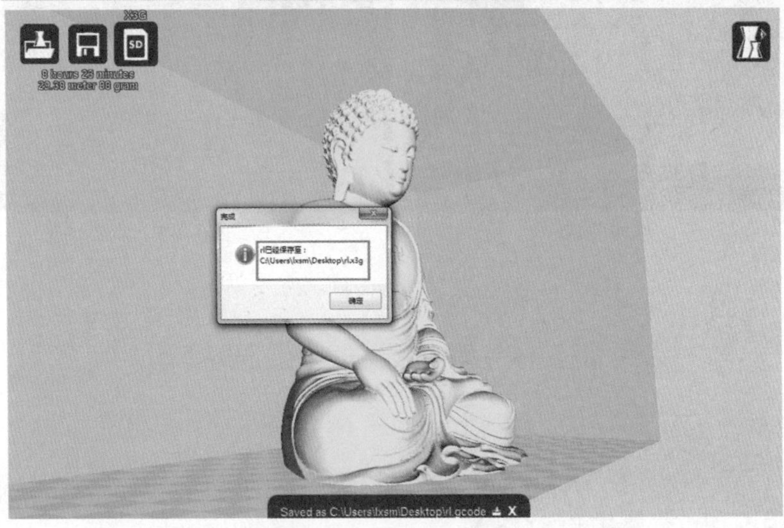

图6-63 生成X3G文件过程

步骤8　在操作面板上选择“打印 SD 卡中文件”→“rl.x3g”，按 OK 键开始打印，如图 6–64 所示。

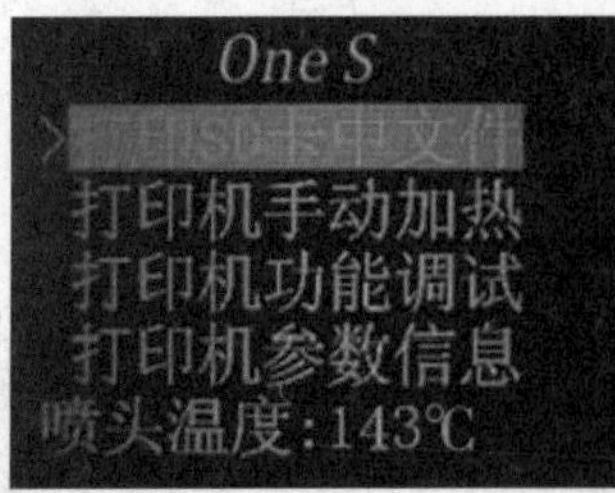

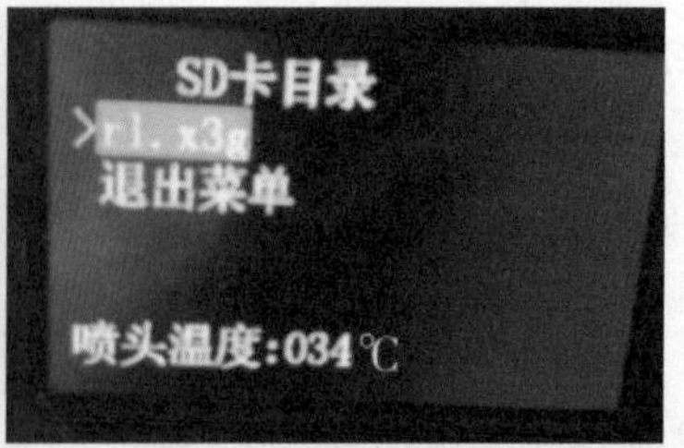

图6–64　佛像模型3D打印机设置

注意：文件名不能使用中文，文件名长度不可超过 20 个字符，否则机器无法识别或显示乱码。

如图 6–65 至图 6–68 所示为打印过程中各阶段得到的模型外观。

图6–65　打印第一层边缘

图6–66　打印一半的时候

图6–67　打印完成

图6–68　最终外观

实训4——实用手机支架3D打印

实训分析

手机支架是一个实用的单体模型，如图 6–69 所示。因此，通过本例让读者掌握实用型模型的 3D 打印过程及其关键设置。

实训目标

- 掌握打印实用型模型的基本处理方法。
- 掌握打印实用型3D打印控制软件的设置。
- 掌握打印实用型模型3D打印机的设置。

操作步骤

图6-69 手机支架模型

步骤1 通过三维软件建模，并导出为Cura软件所需要的STL格式(具体操作见实例3)，如图6-70所示。

步骤2 打开Cura软件，将上述手机支架文件拖入Cura软件中，得到如图6-71所示界面。

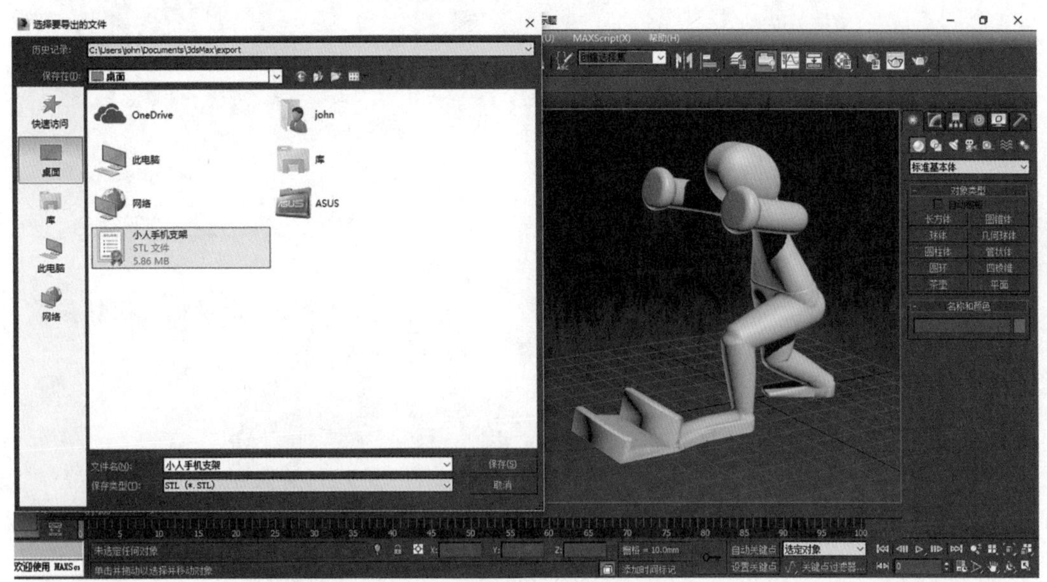

图6-70 手机支架三维模型

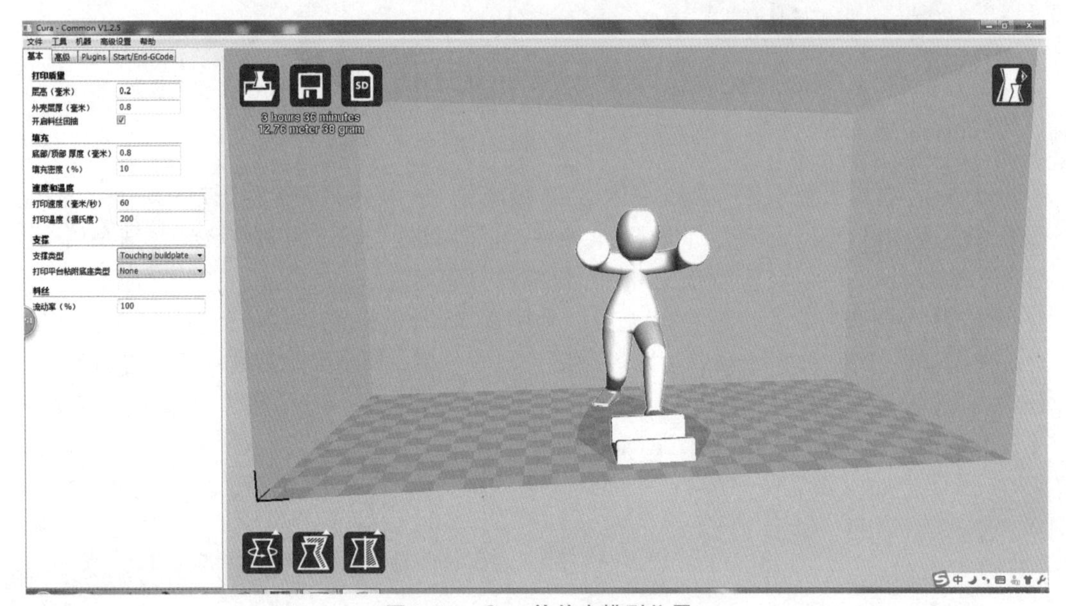

图6-71 Cura软件中模型位置

步骤3　点击菜单栏“文件”→“首选项”,进入首选项菜单,如图 6-72 所示,可以进行相关设置(具体设置说明在实例 1 中已经详细介绍,此处不再赘述)。

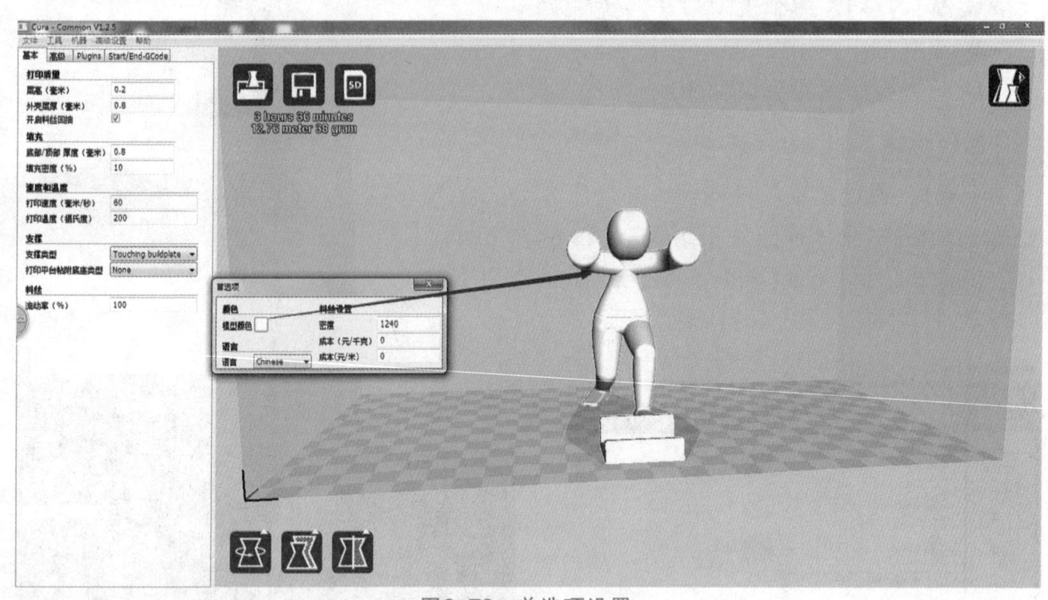

图6-72　首选项设置

步骤4　点击菜单栏“机器”→“机器设置”,进入机器设置界面,设置相关尺寸参数。该处设置与打印机有关,设置数据与实例 1 相一致,如图 6-73 所示。

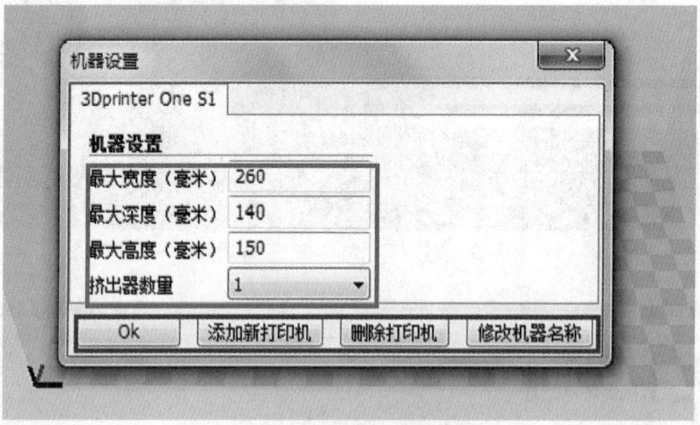

图6-73　机器设置

步骤5　打印参数设置。点击菜单栏“高级设置”→“切换到完全设置模式”,进入完全设置模式界面进行相关设置,如图 6-74 所示。具体设置说明在前例中已经详细介绍,此处不再赘述(层高可以设置为 0.2,这样可以加快打印速度)。

步骤6　模型加载。打开 Cura 软件,如图 6-75 所示,单击界面上红色箭头指向的“Load”加载按钮,在弹出的窗口中选择需要打印的模型。模型加载后同样可以进行旋转、缩放、镜像等相关操作,如图 6-76 至图 6-79 所示。同样,在操作过程中可以对模型进行不同模式的查看,如图 6-80 至图 6-84 所示。

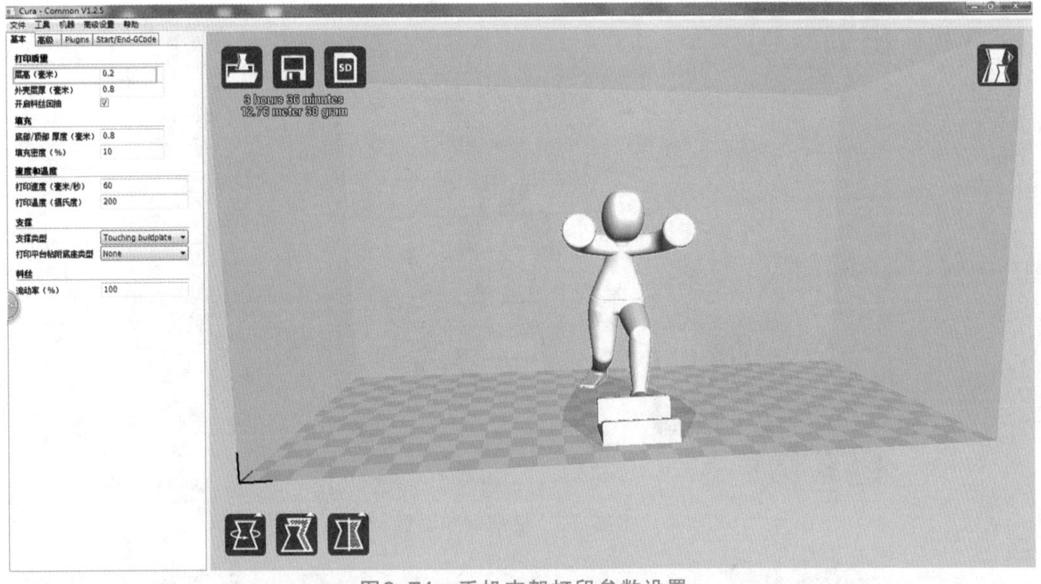

图6-74 手机支架打印参数设置

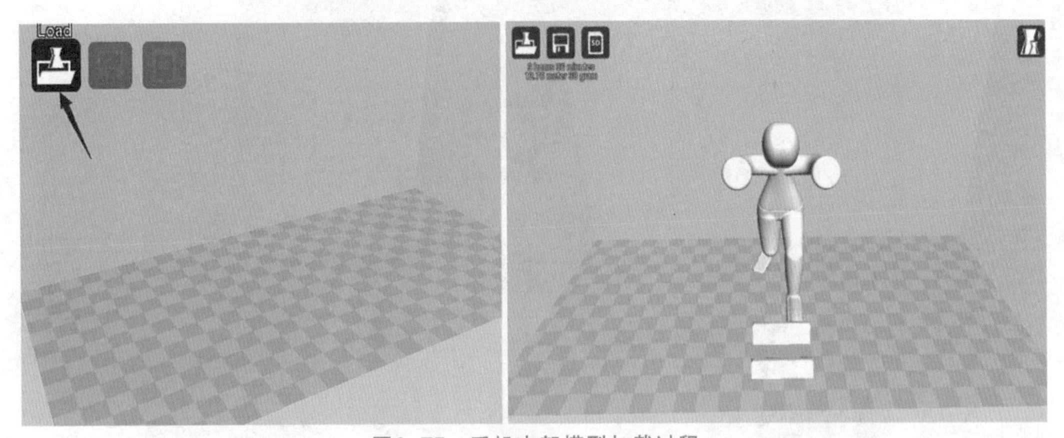

图6-75 手机支架模型加载过程

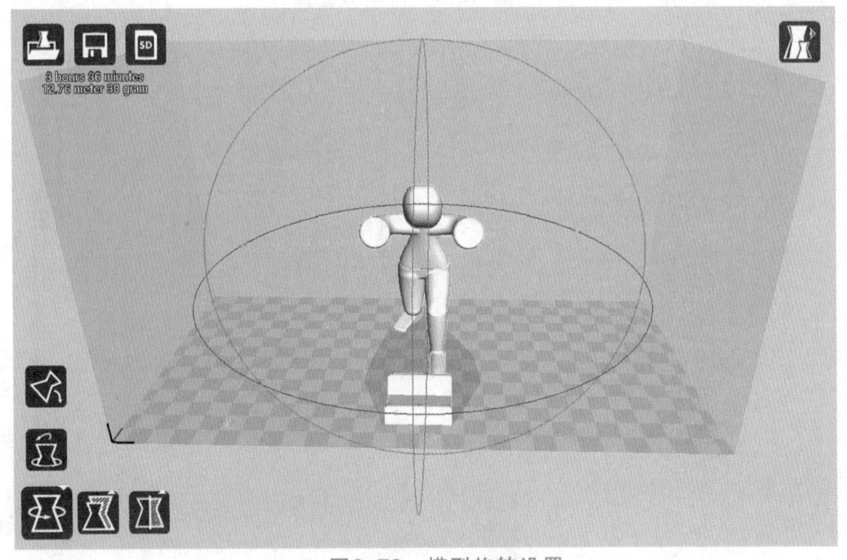

图6-76 模型旋转设置

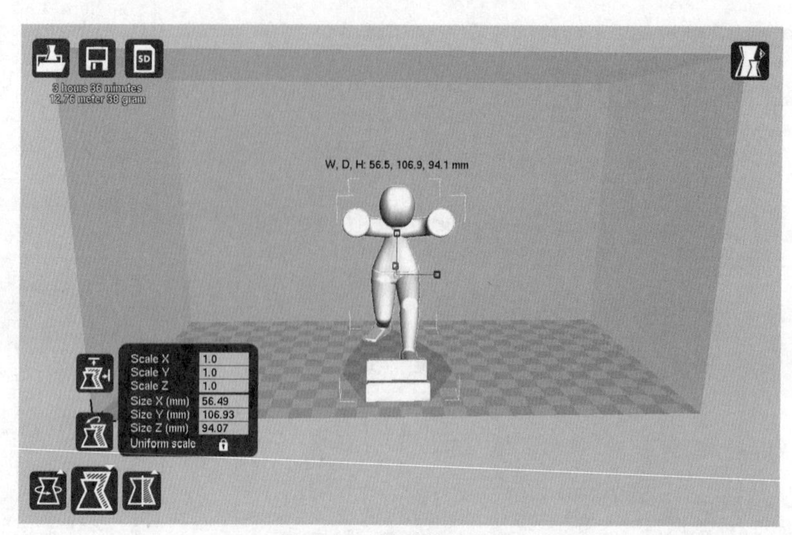

图6–77　模型缩放设置

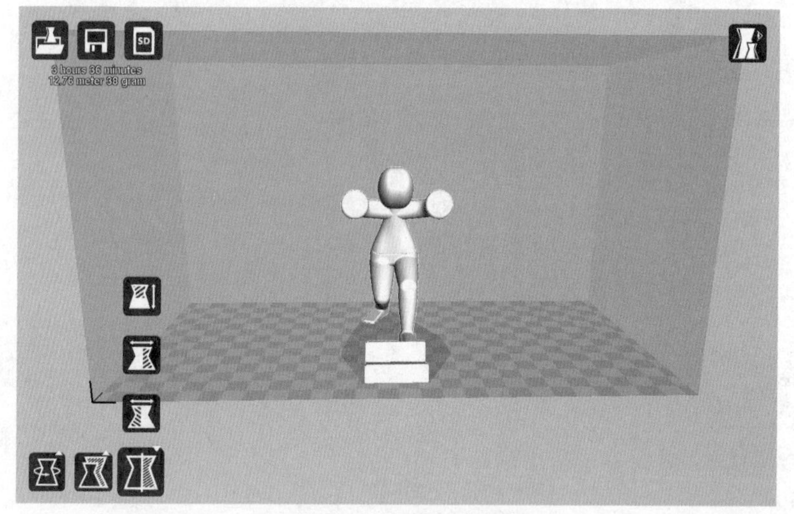

图6–78　模型镜像设置

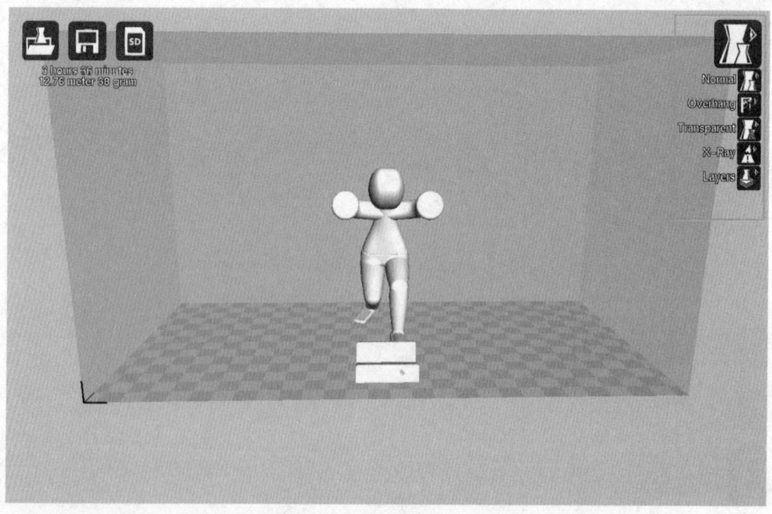

图6–79　查看选项设置

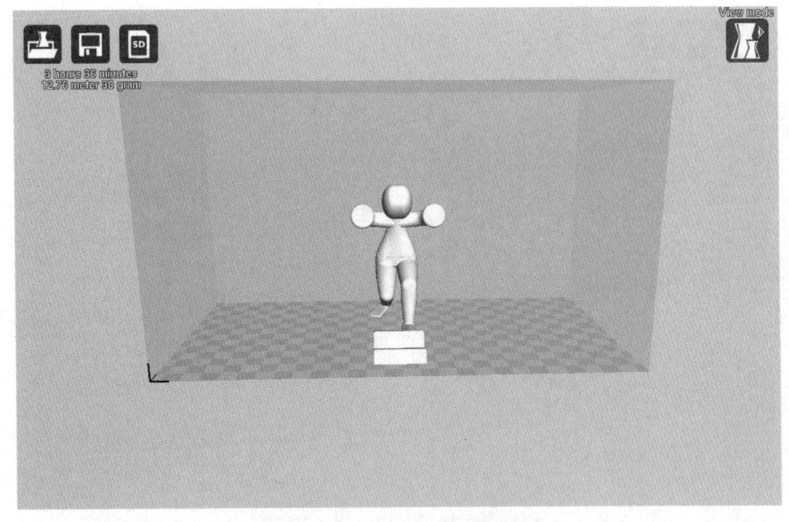

图6-80 "Normal"正常模式

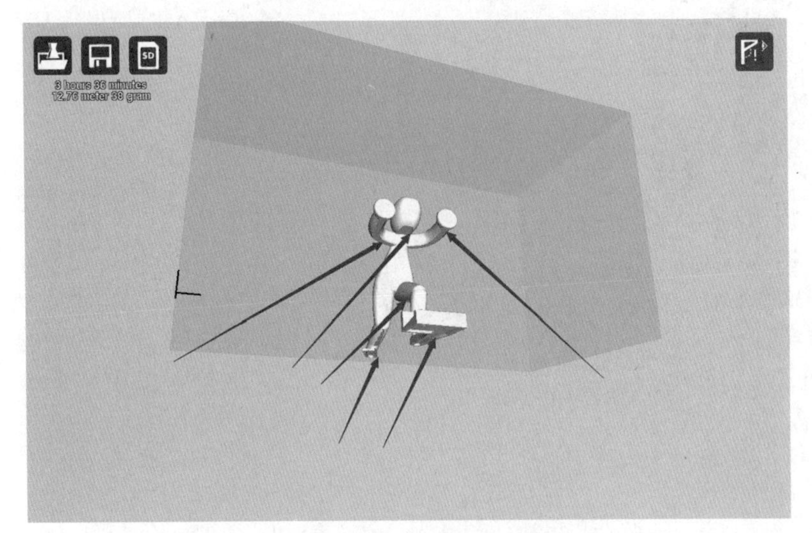

图6-81 "Overhang"悬垂模式

图6-82 "Transparent"透明查看模式

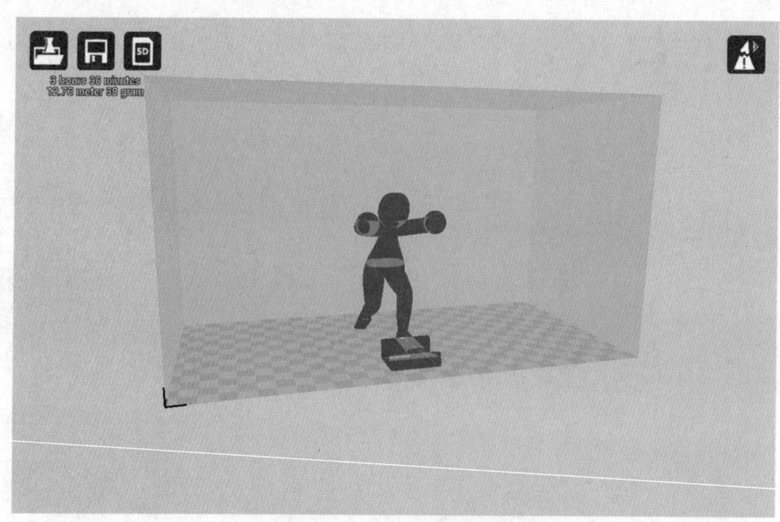

图6-83 “X-Ray”X 光模式

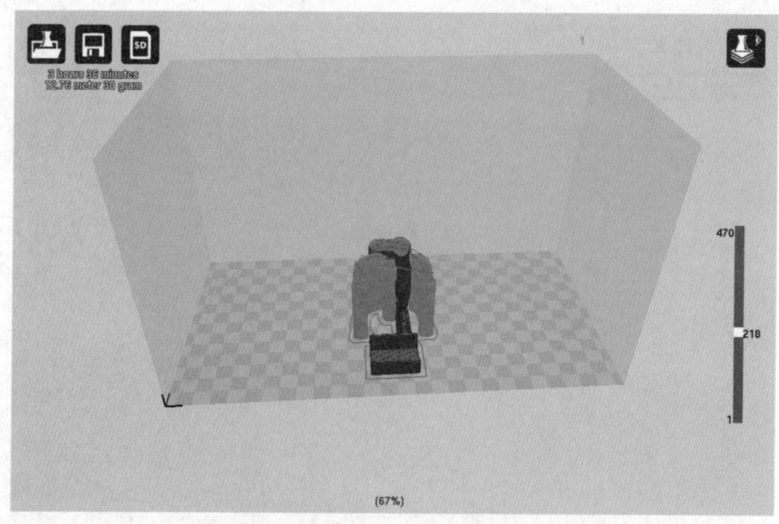

图6-84 “Layers”分层模式

步骤7 生成 Gcode 代码及 X3G 文件，如图 6-85 所示。

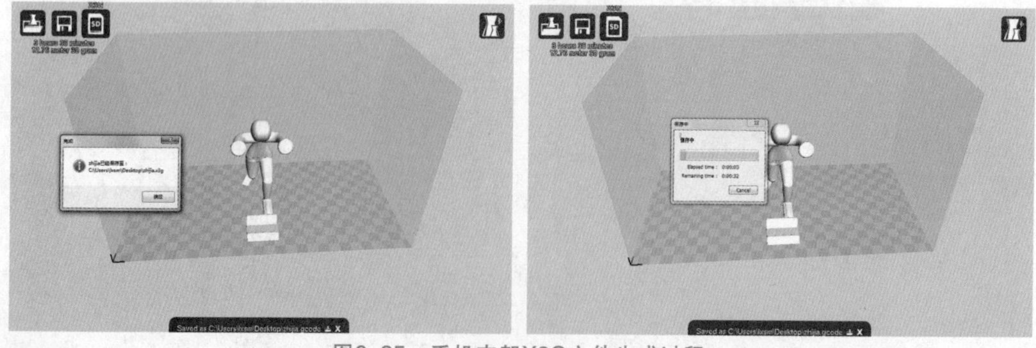

图6-85 手机支架X3G文件生成过程

步骤8 在操作面板上选择“打印 SD 卡中文件”→“zhijial.x3g”，按 OK 键开始打印，如图 6-86 所示。

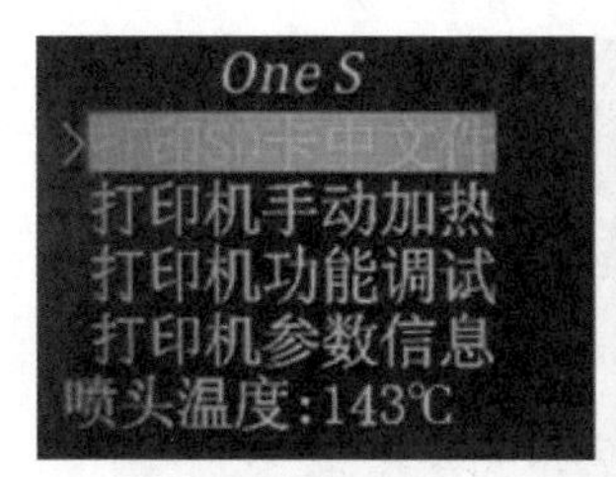

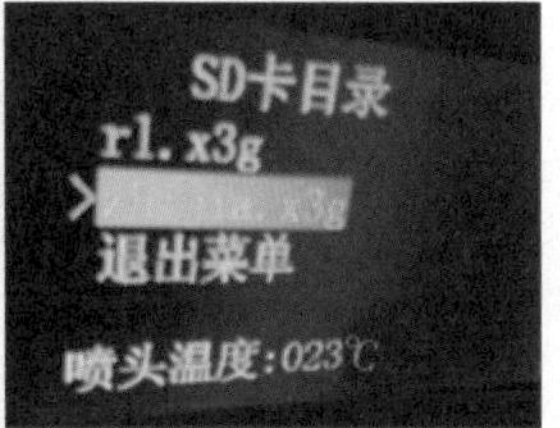

图6-86　手机支架模型3D打印机设置

注意：文件名不能使用中文，文件名长度不可超过 20 个字符，否则机器无法识别或显示乱码。

如图 6-87 至图 6-91 所示为打印过程中各阶段得到的模型外观。

图6-87　打印第一层时的外观

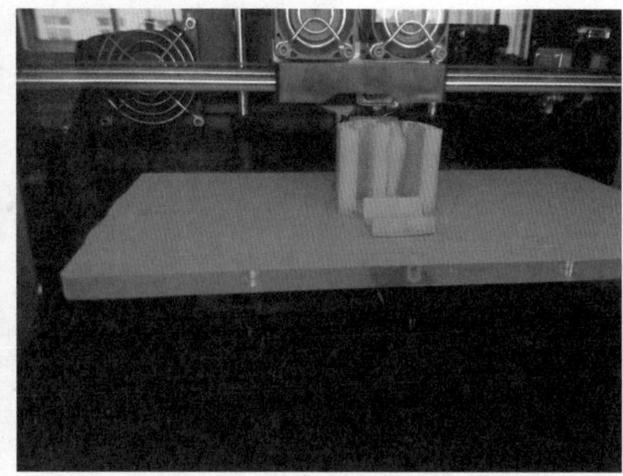

图6-88　打印到一半时的外观

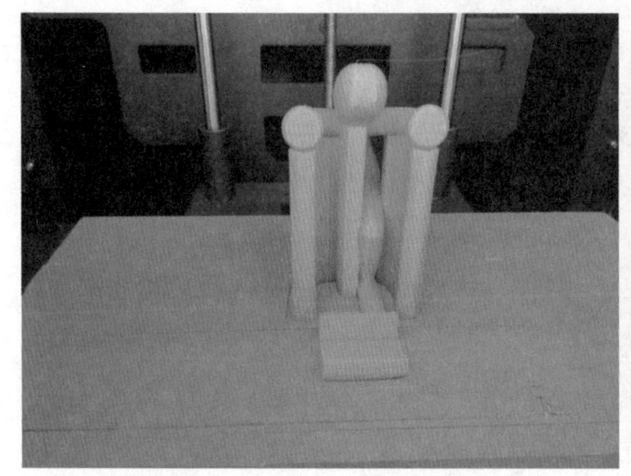

图6-89　打印结束(有支撑)

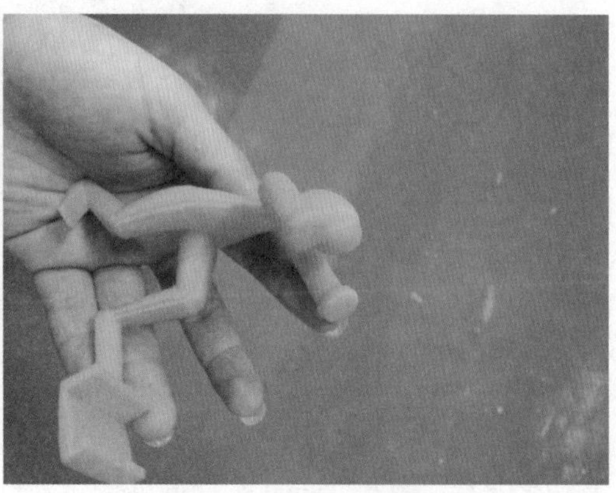

图6-90　完成(去除支撑)

图6-91　应用效果(支撑去除后物体表面会有毛躁,可用砂纸打磨)

实训5——医用脊椎骨模型3D打印

实训分析

脊椎骨是一个复杂的单体模型,如图6-92所示。因此,通过本例让读者掌握复杂模型的 3D 打印过程及其关键设置。

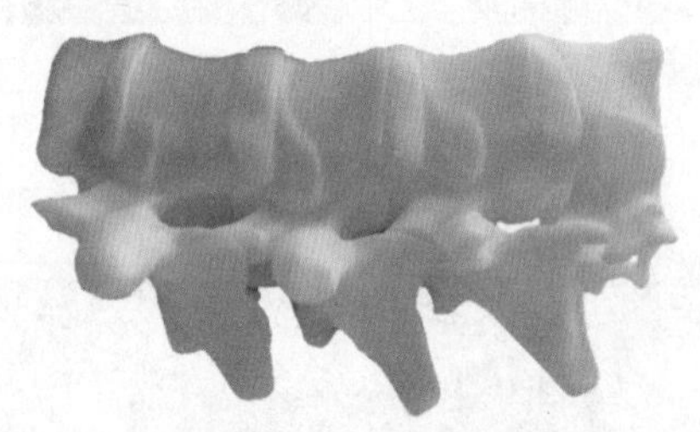

图6-92　脊椎骨模型

实训目标

- 掌握脊椎骨模型的基本处理方法。
- 掌握打印复杂模型 3D 打印控制软件的设置。
- 掌握打印复杂模型 3D 打印机的设置。

操作步骤

步骤1　通过 Geomagic Studio 软件对脊椎骨三维模型进行处理,使模型的面数变少,减少模型占用内存空间(Cura 软件处理不了占用内存超过 200M 的模型。一般医疗骨骼模型都是通过 CT 扫描得到数据,扫描的数据模型占用内存会比较多)。在 Gemagic Studio 中导出为 Cura 所需要的 STL 格式文件如图 6-93 所示。

步骤2　打开 Cura 软件,将上述脊椎骨文件拖入 Cura 软件中,如图 6-94 所示。

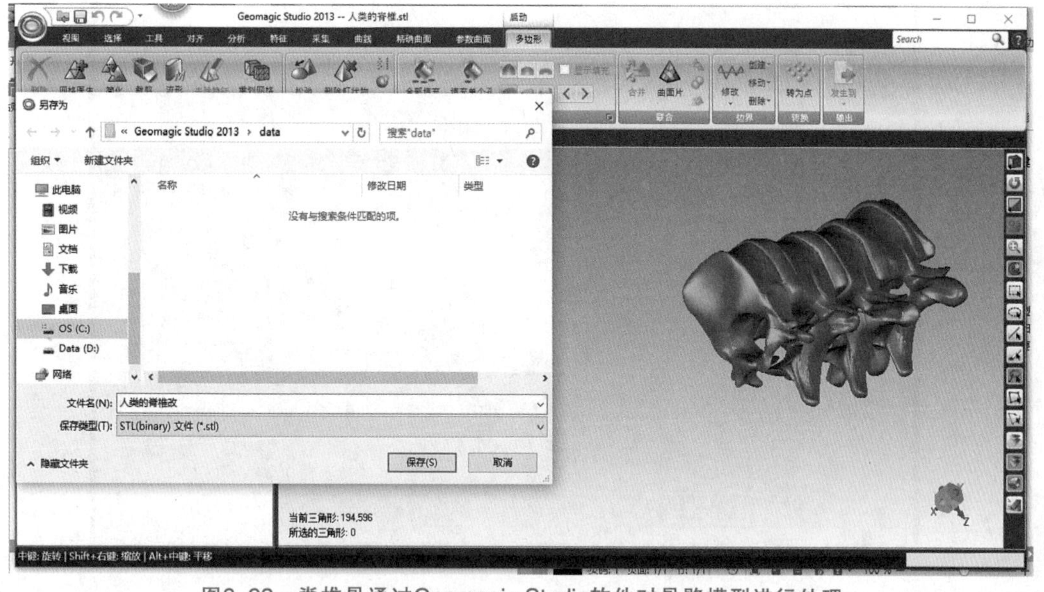

图6–93　脊椎骨通过Geomagic Studio软件对骨骼模型进行处理

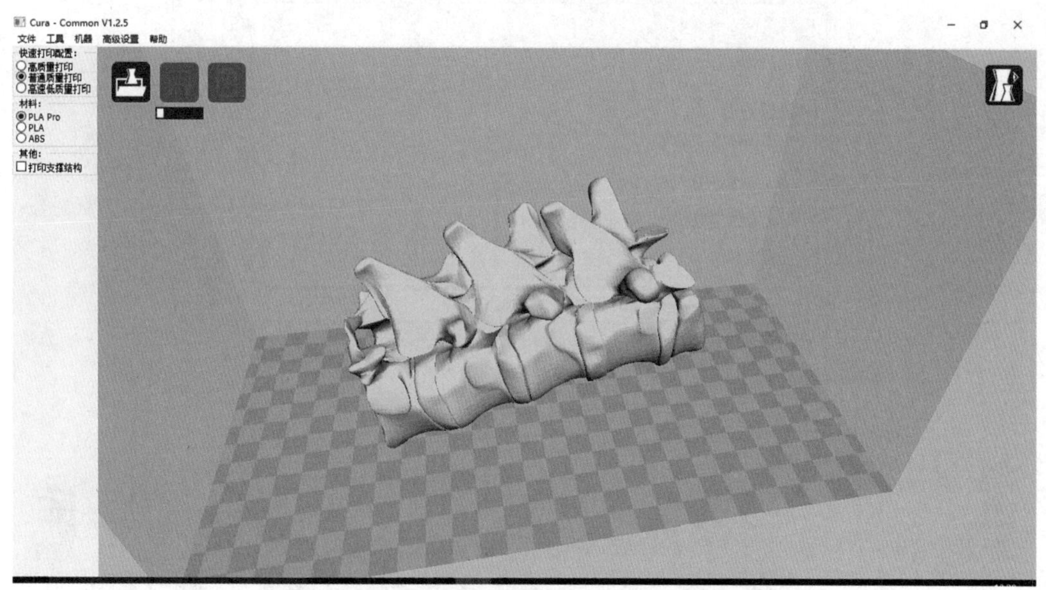

图6–94　脊椎骨模型在Cura软件中的显示

步骤3　单击菜单栏"文件"→"首选项",进入首选项菜单,如图6–95所示,可以进行模型颜色、语言类型、材质等设置。设置完毕后务必保存文件。

步骤4　单击菜单栏"机器"→"机器设置",进入机器设置界面,如图6–96所示。其中,蓝色方框表示机器打印平台的尺寸,软件已经根据用户选择的机型进行了预设,不要改动这些数据;红色方框表示机器的相关设置,包括添加用户需要的新机型,删除不需要的机型,也可以修改机型名称。修改机型名称不会改变任何打印参数设置。

步骤5　打印参数设置。单击菜单栏"高级设置"→"切换到完全设置模式",进入完全设置模式界面进行相关设置。具体设置在前例中已经详细介绍,此处不再赘述。本例设置的数据如图6–97所示。

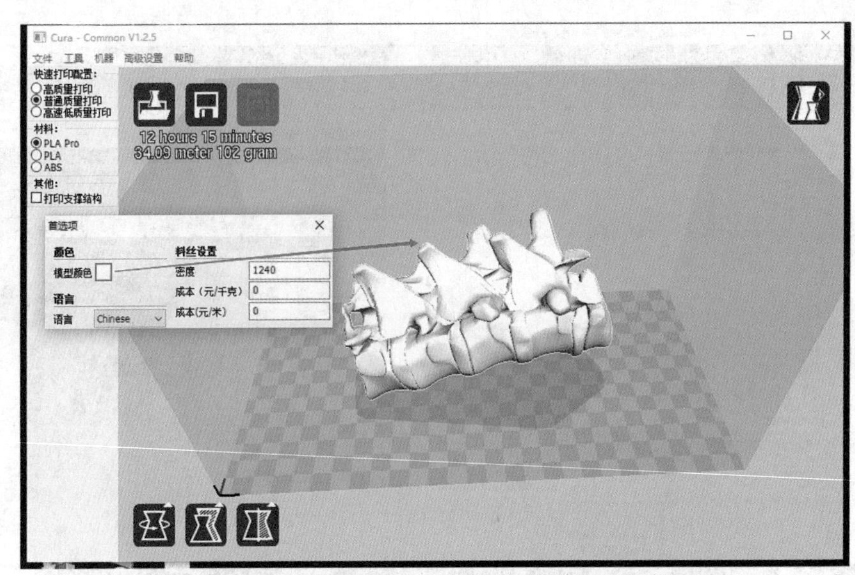

图6-95 首选项菜单中的模型颜色、语言类型、材质等设置

图6-96 机器设置界面

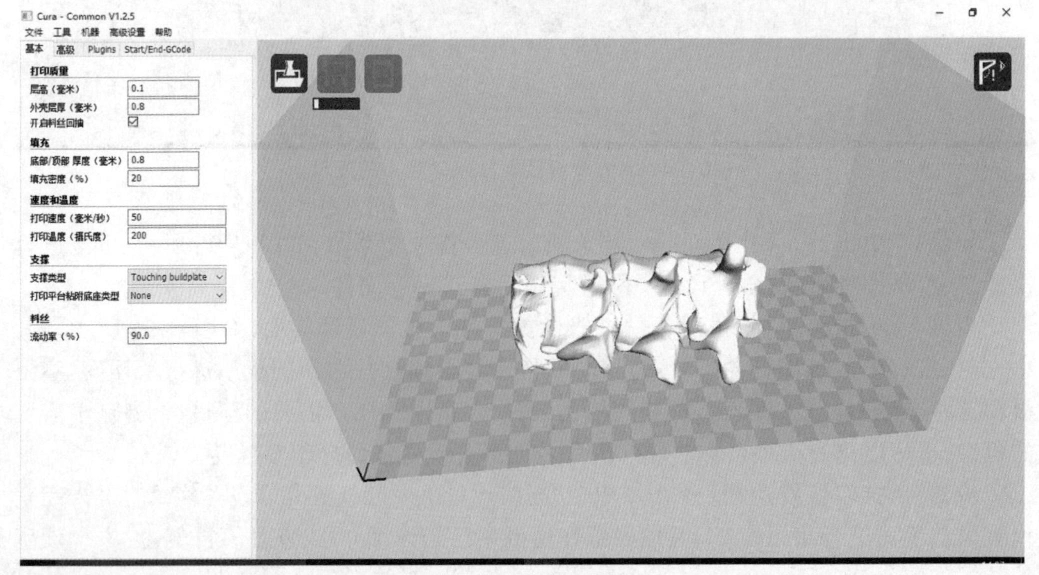

图6-97 打印参数设置界面

特别说明：

(1)把模型旋转到合适的角度能大幅度节约打印时间。

(2)尽量不要使用全局支撑(Everywhere),否则很难去除支撑造成的痕迹。

步骤6　模型加载。打开 Cura 软件，如图 6-98 所示，单击界面上红色箭头指向的“Load”加载按钮,在弹出的窗口中选择需要打印的模型。模型加载后可以进行旋转、缩放、镜像等相关操作,如图 6-99 至图 6-102 所示。同样,可以对模型进行不同模式的查看,如图 6-103 至图 6-107。

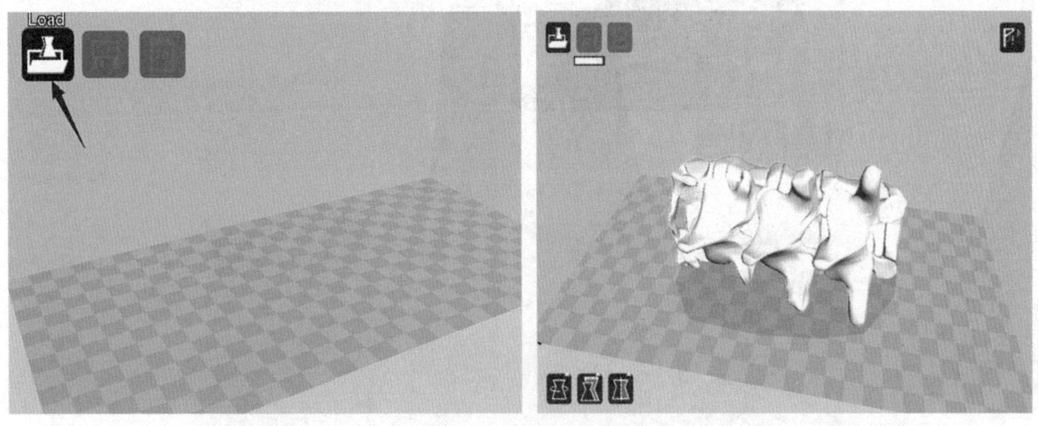

图6-98　脊椎骨模型加载

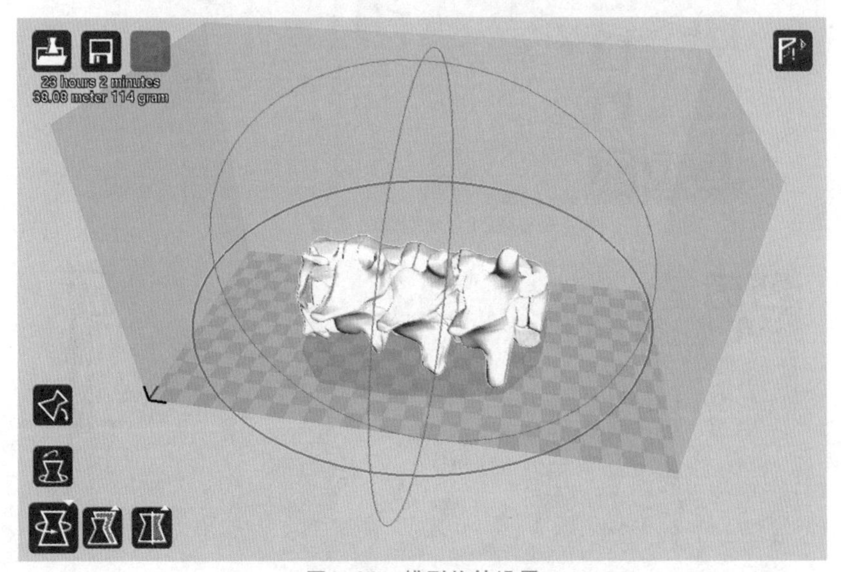

图6-99　模型旋转设置

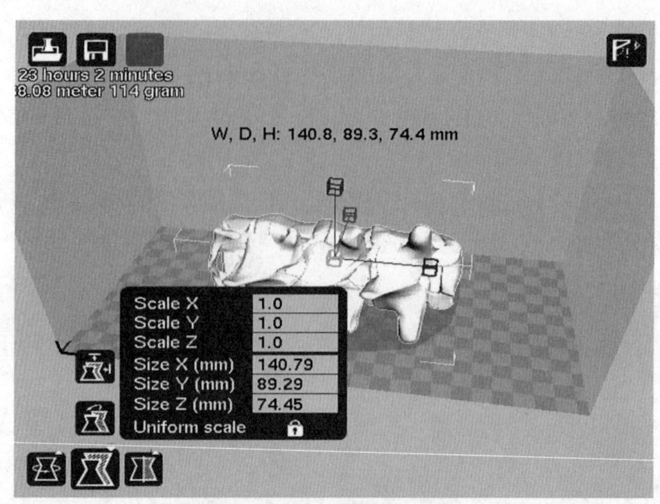

图6–100　模型缩放设计

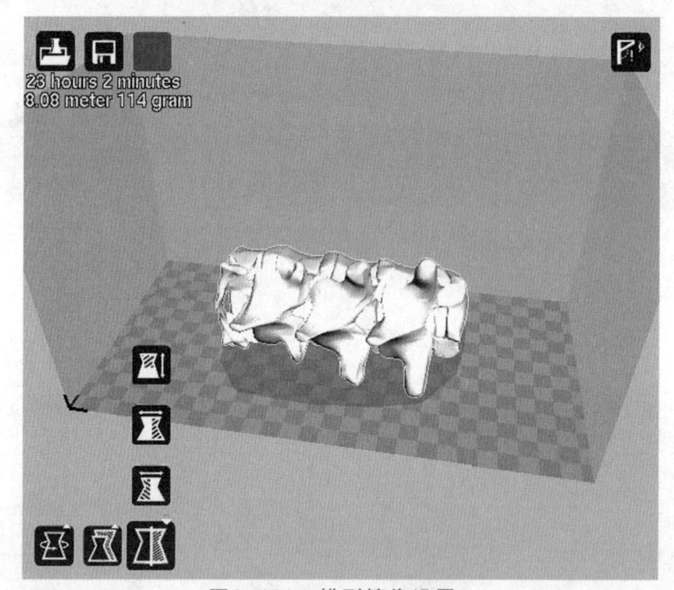

图6–101　模型镜像设置

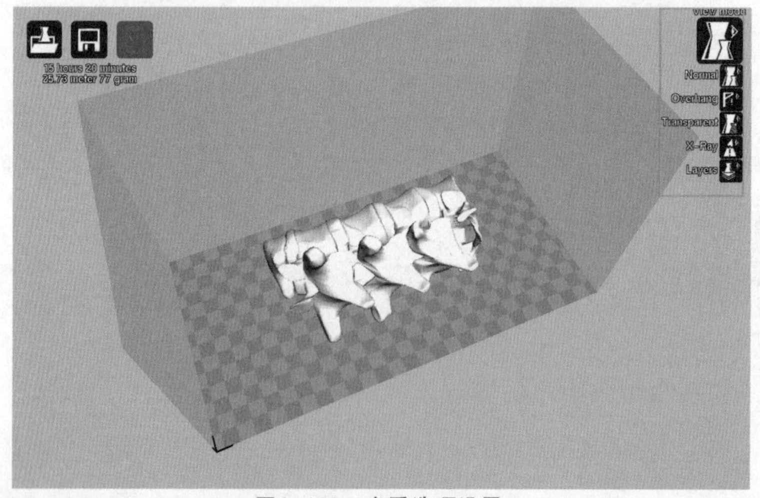

图6–102　查看选项设置

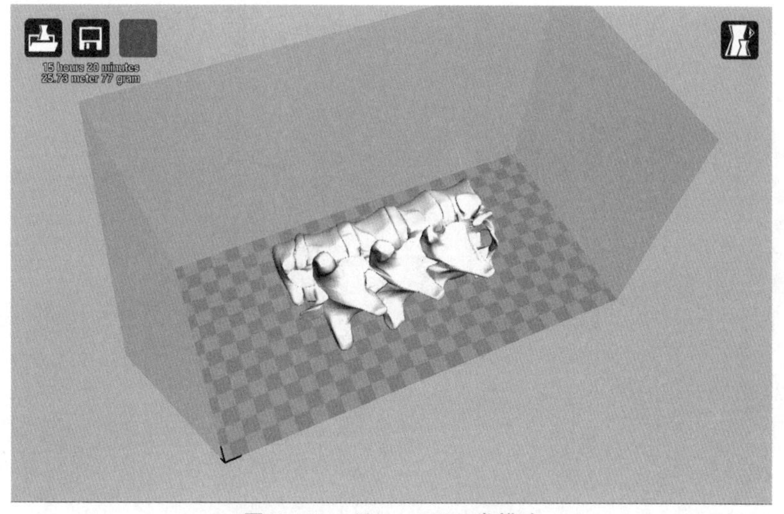

图6-103 “Normal”正常模式

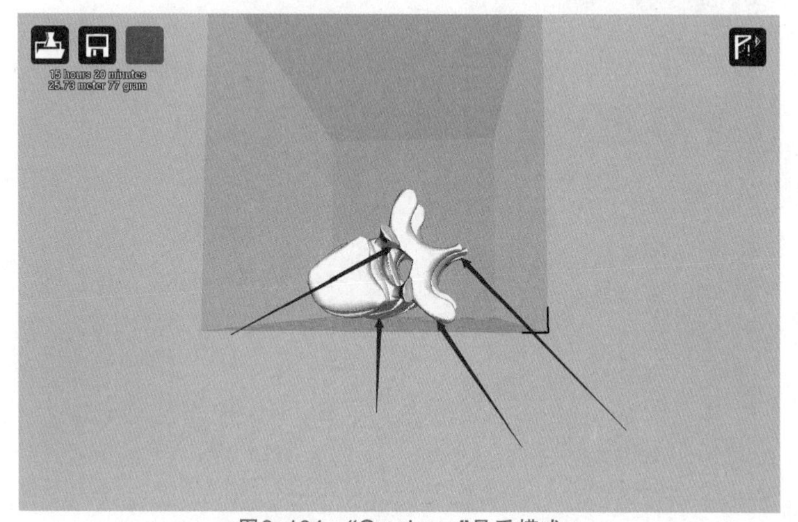

图6-104 “Overhang”悬垂模式

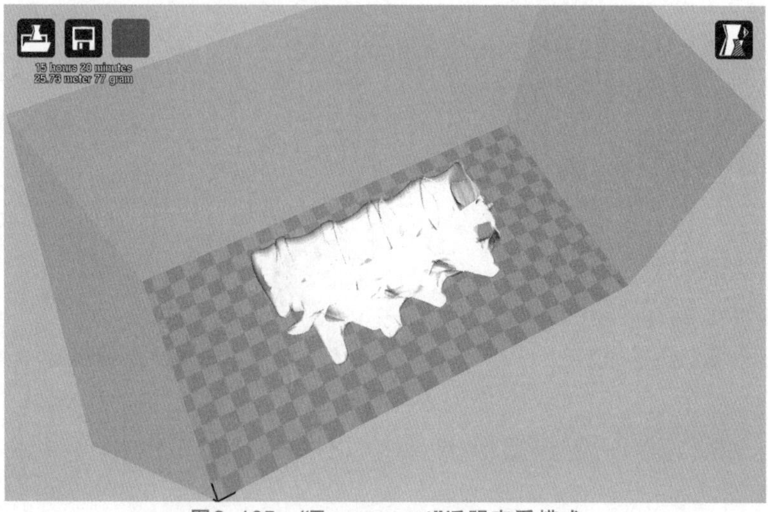

图6-105 “Transparent”透明查看模式

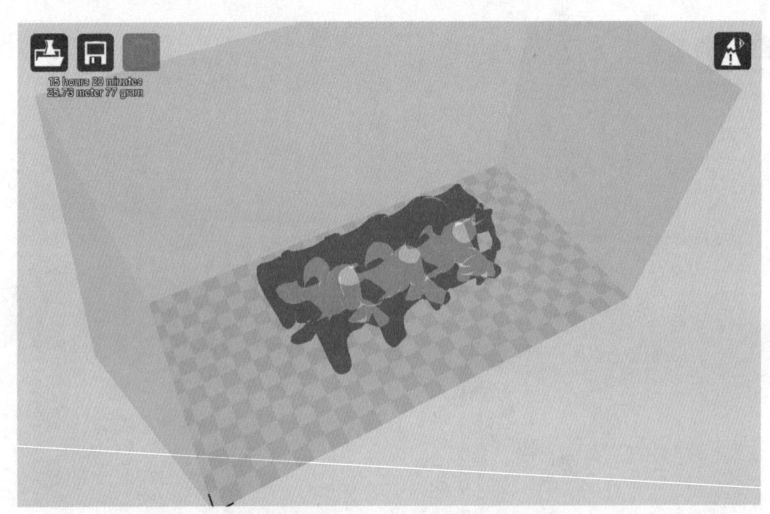

图6-106 "X-Ray"X 光模式

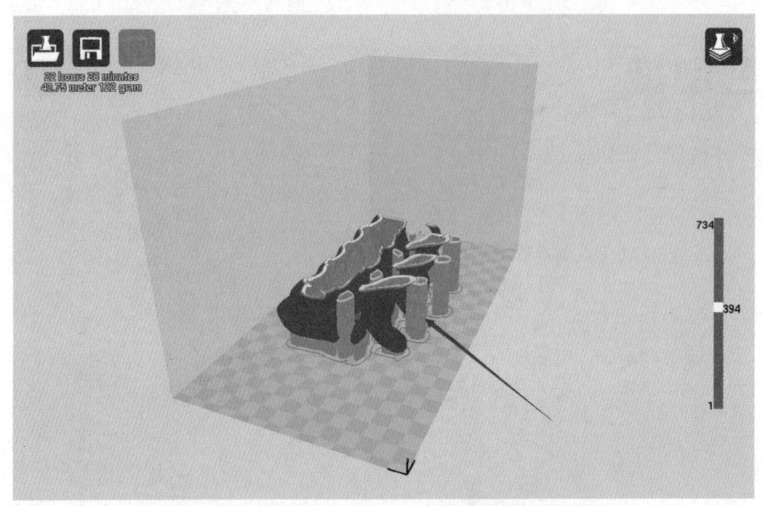

图6-107 "Layers"分层模式(蓝色部分是支撑)

步骤7 生成 Gcode 代码及 X3G 文件,如图 6-108 所示。

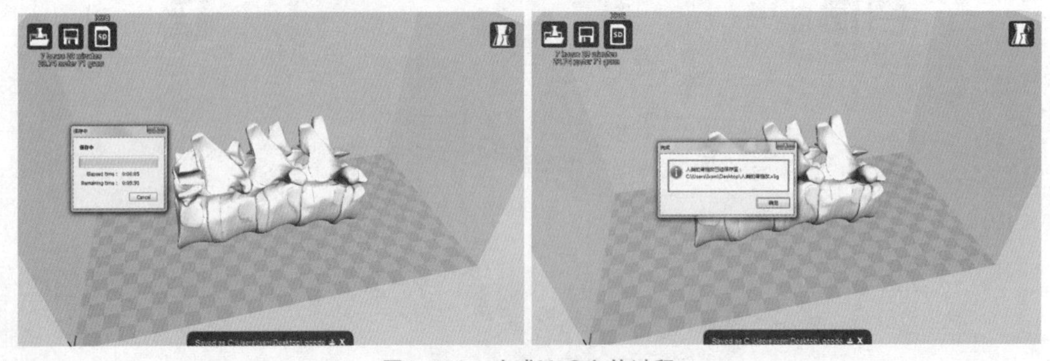
图6-108 生成X3G文件过程

步骤8 在操作面板上选择"打印 SD 卡中文件"→"jz.x3g",按 OK 键开始打印,如图 6-109 所示。

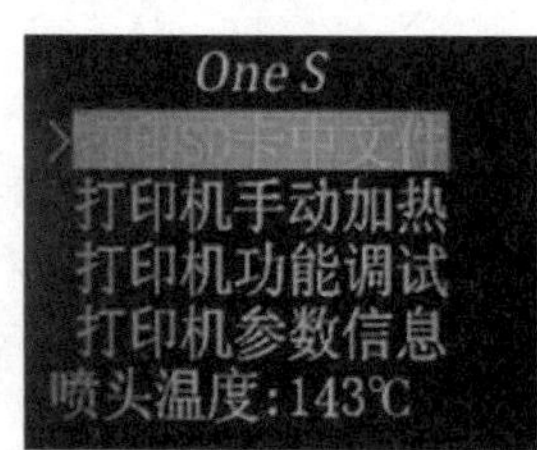

图6-109　脊柱骨模型3D打印机设置

注意:文件名不能使用中文,文件名长度不可超过20个字符,否则机器无法识别或显示乱码。

图6-110至图6-113为打印过程中各阶段得到的模型形貌。

图6-110　打印第一层边缘

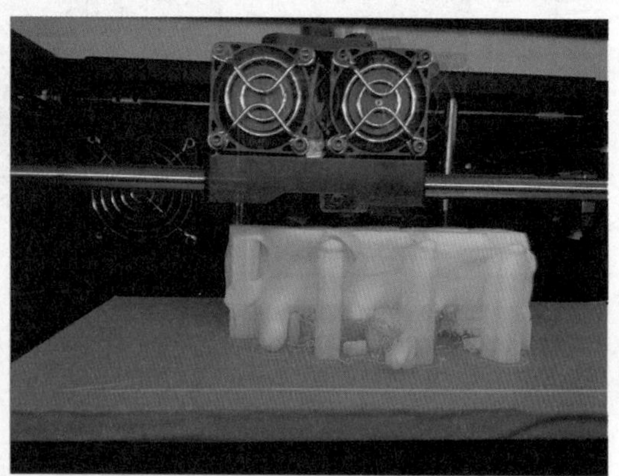

图6-111　打印到一半时的外观

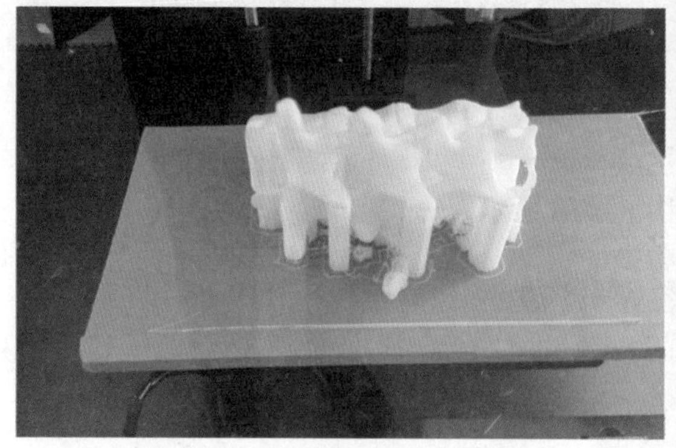

图6-112　打印完成(有许多支撑)

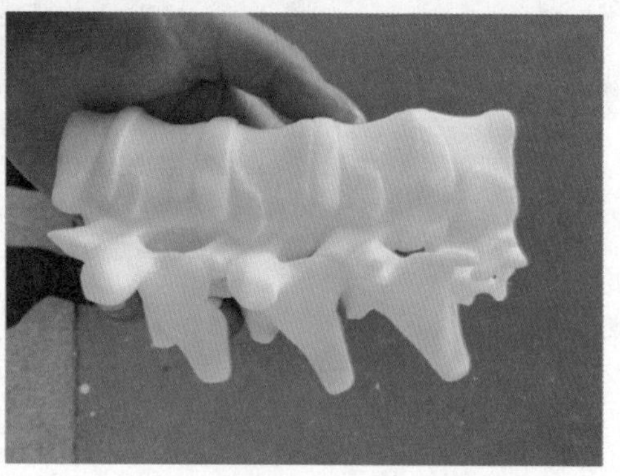

图6-113　最终结果(去除了支撑)

6.2　三维数字建模实训

实训6——轮胎模型逆向建模

实训分析

轮胎是一个最简单的模型,如图6-114所示。因此,通过本例让读者掌握简单模型的逆向三维数字化建模过程及其关键设置。

图6-114　轮胎模型

实训目标

- 掌握基本模型的逆向建模方法。
- 掌握简单模型 Geomagic Studio 软件的设置。

操作步骤

步骤1　打开 Geomagic Studio 软件，如图 6-115 所示。

图6-115　Geomagic Studio软件界面

步骤2　批量导入 AC 点云格式的文件，会弹出来一个小窗口，如图 6-116 所示，单击“确定”按钮，完成 AC 点云格式的导入，如图 6-117 所示。

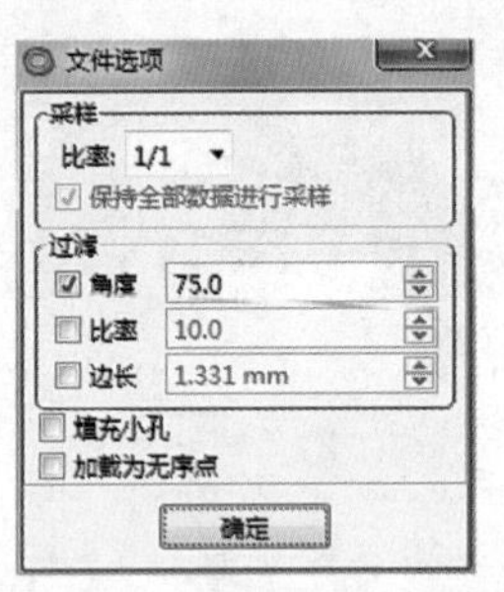

图6-116　点云文件加载界面(1)

步骤3　对齐点云数据，这个数据的正反两面是分两次扫描的，所以需要手动注册(手动拼接模型的特征点)。把“02”开头的数据群组作为组 1，把“03”开头的数据群组作为组 2，如图 6-118 所示；单击“对齐”选项，按住 Shift 键选中组 1 与组 2 再选择“手动注册”，如图 6-119 所示，选择 n 点注册，“定义集合”选项中选择组 1 或组 2。就是用一个目标去对齐另一个目标；如图 6-120 所示；在 n 点注册中至少需要三个重合的点来固定模型，依次在模型的两个面上点击固定的点，如图 6-121 所示，可以看到模型的两个面已经

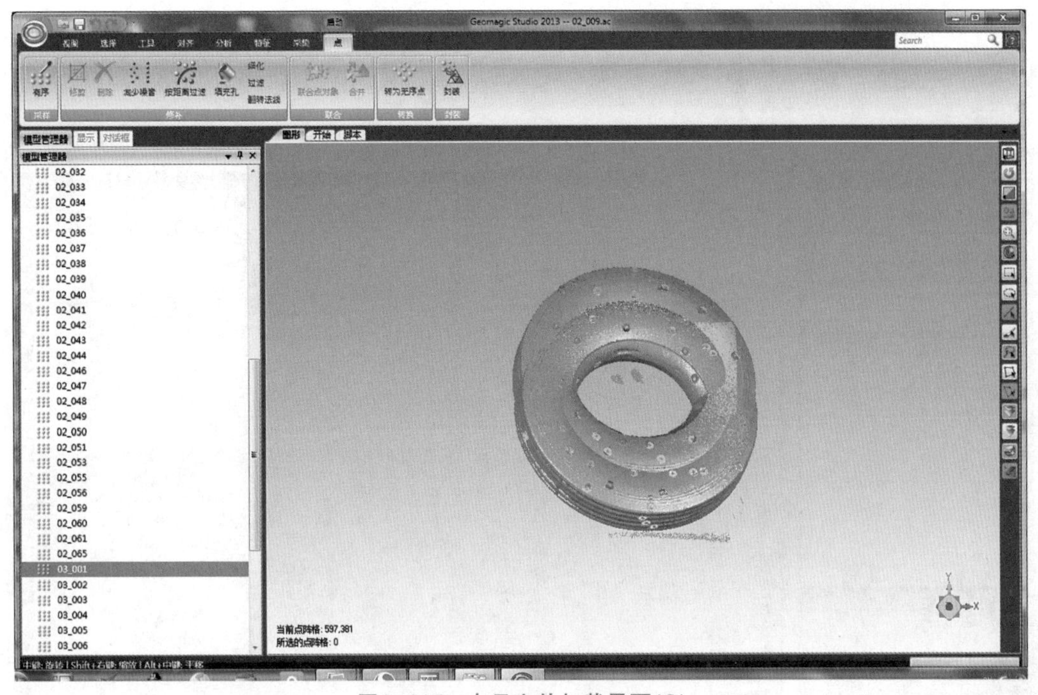

图6-117 点云文件加载界面(2)

基本重合在一起了;点击“确定项”完成手动拼接;回到视图,右击组 1 和组 2,在快捷菜单中选择“拆分组”,结果如图 6-122 所示;拆分组之后再全选所有的点云数据,执行“全局注册”命令,得到如图 6-123、图 6-124 所示结果。

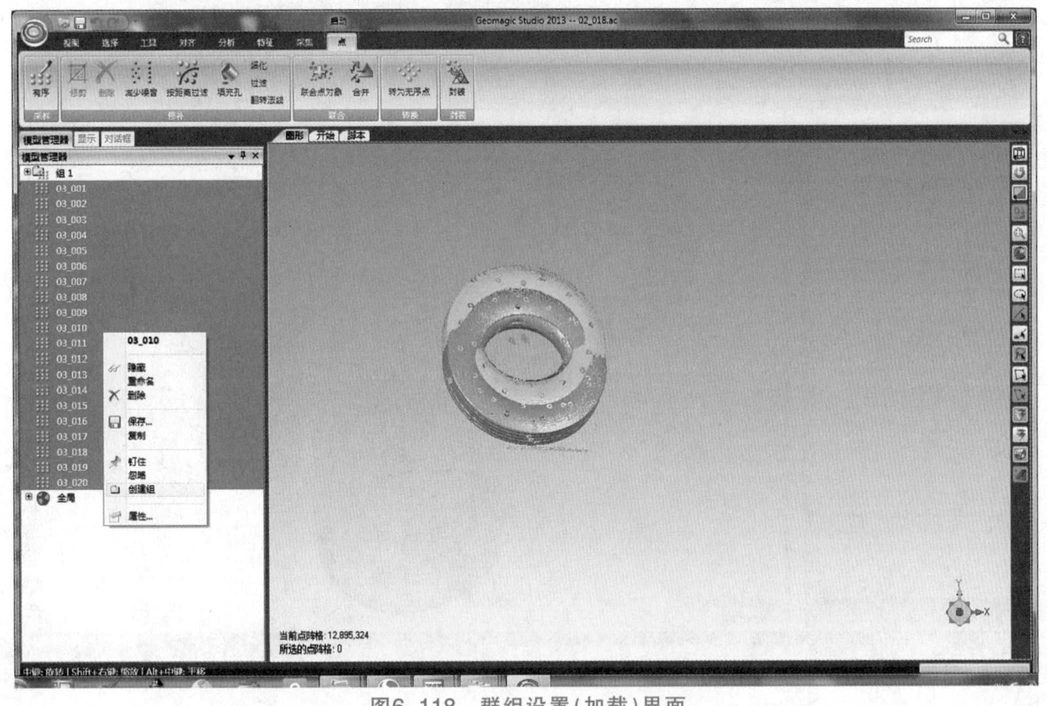

图6-118 群组设置(加载)界面

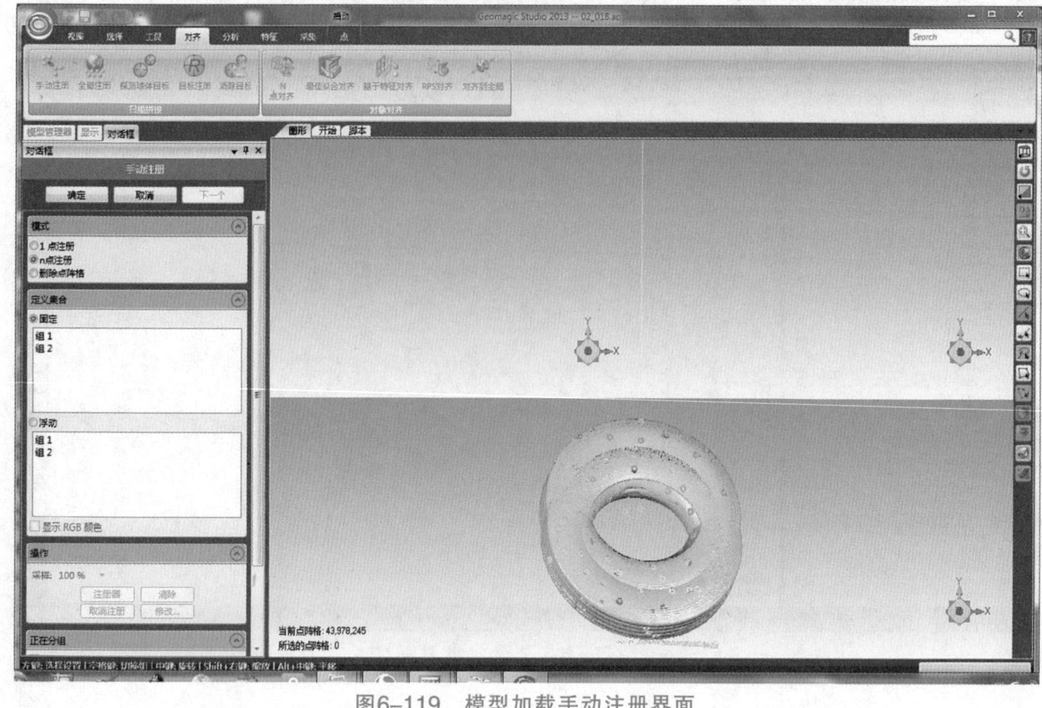

图6–119　模型加载手动注册界面

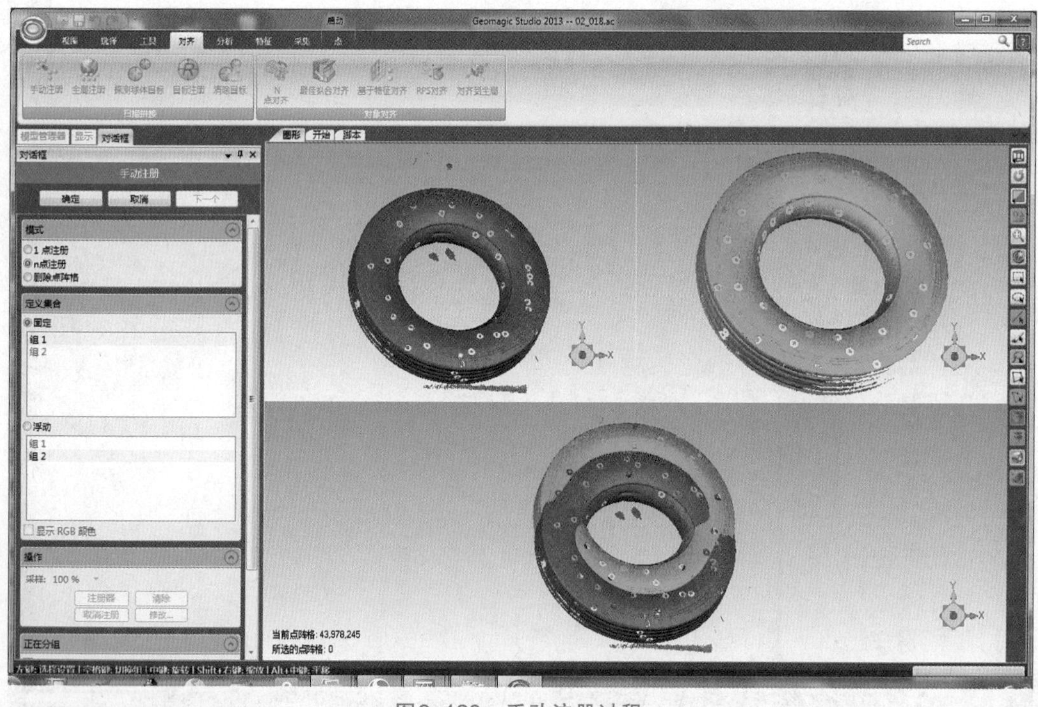

图6–120　手动注册过程

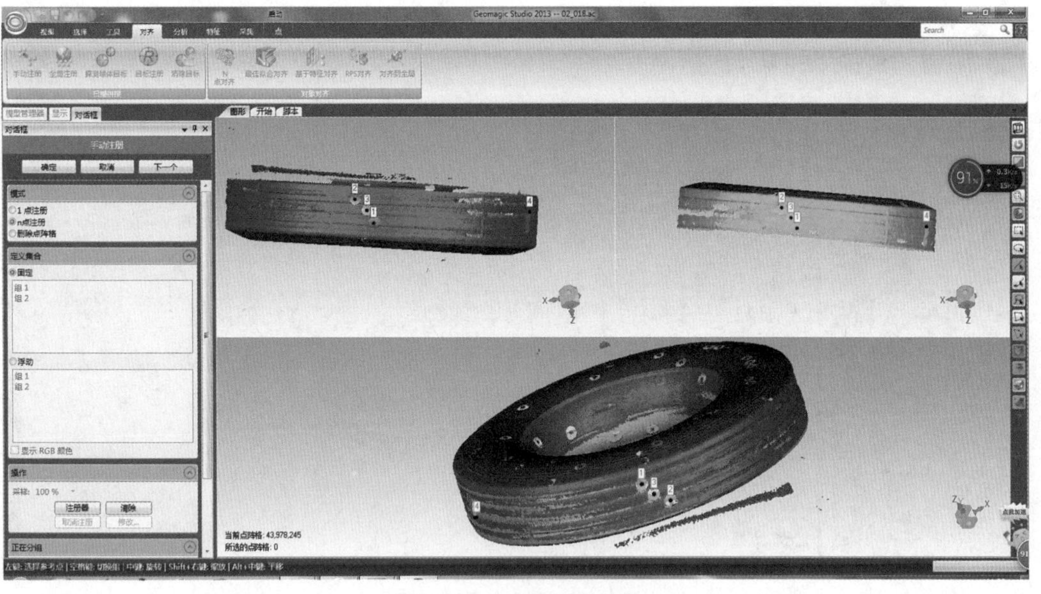

图6-121 手动注册结果

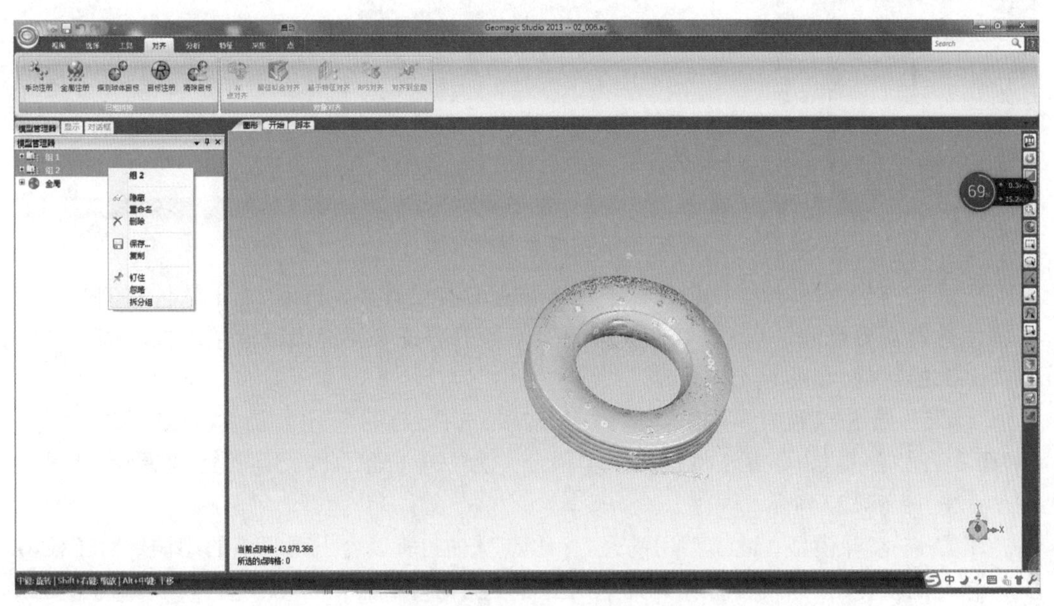

图6-122 拆分全组界面

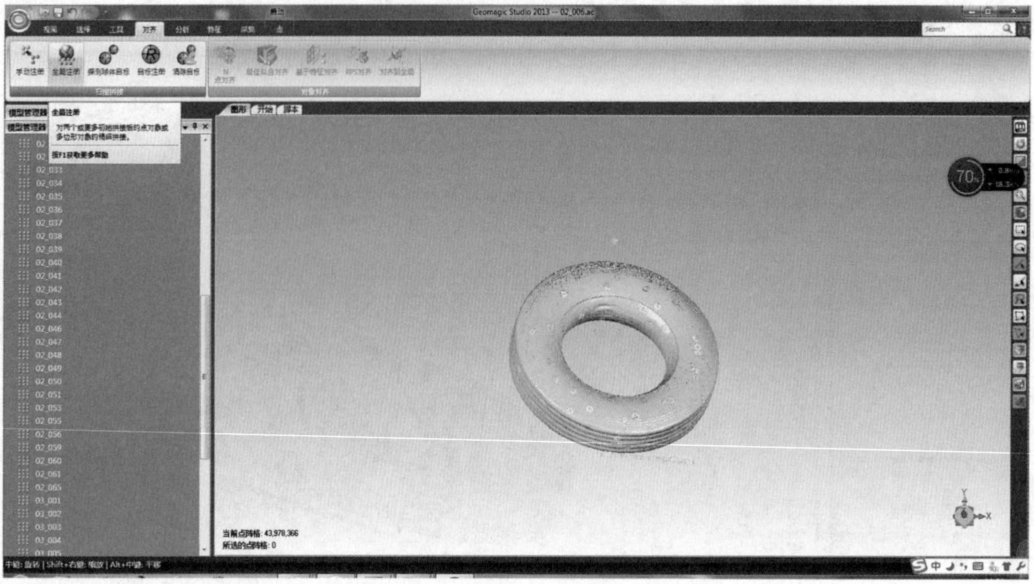

图6-123　执行全局注册命令

图6-124　全局注册界面

步骤4　删多余的点。按住鼠标中键旋转查看有没有多余的点，点击软件右侧“贯通”选项框选所需要删除的点，按 Delete 键删除。如多选按 Ctrl 键加鼠标左键拖动选取区域减去多选的部分，如图 6-125 所示。

步骤5　合并点云为多边形。选择“点”选项，选择“合并”。用的是“联合点对象”和“封装”命令，而“合并”命令等于将这两个步骤合并为一个步骤，此时，运算速度更慢，结果如图 6-126、图 6-127 所示。

步骤6　修补模型。此模型用的是“标志点”扫描，所以会出现很多的小洞。对于模型上的洞先把难补的补好，容易补的批量用全部填充命令。否则容易发生错面，如图 6-128 所示。合理运用选项  ，在补洞的过程中如果遇到错面的情况，可用选择工

图6–125　多余点加载界面

图6–126　合并点云为多边形

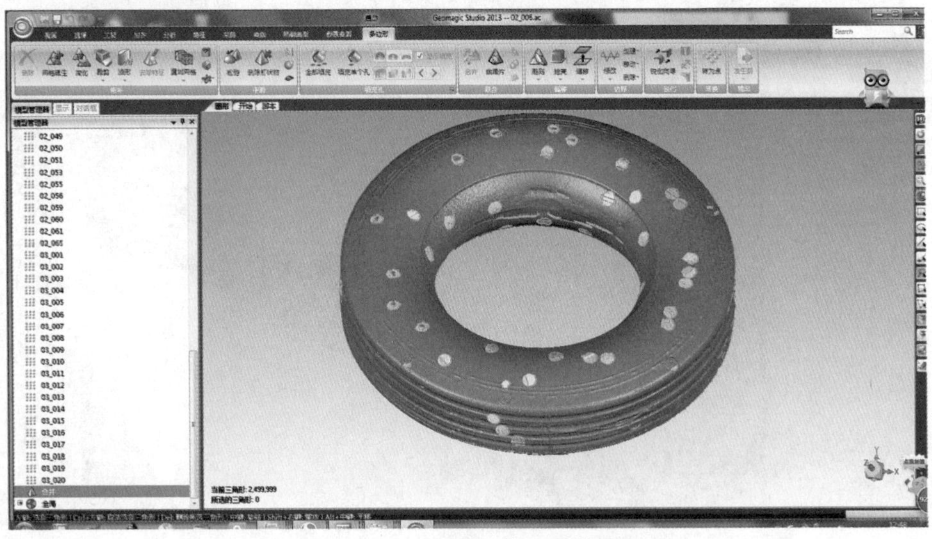

图6–127　合并完成之后的界面

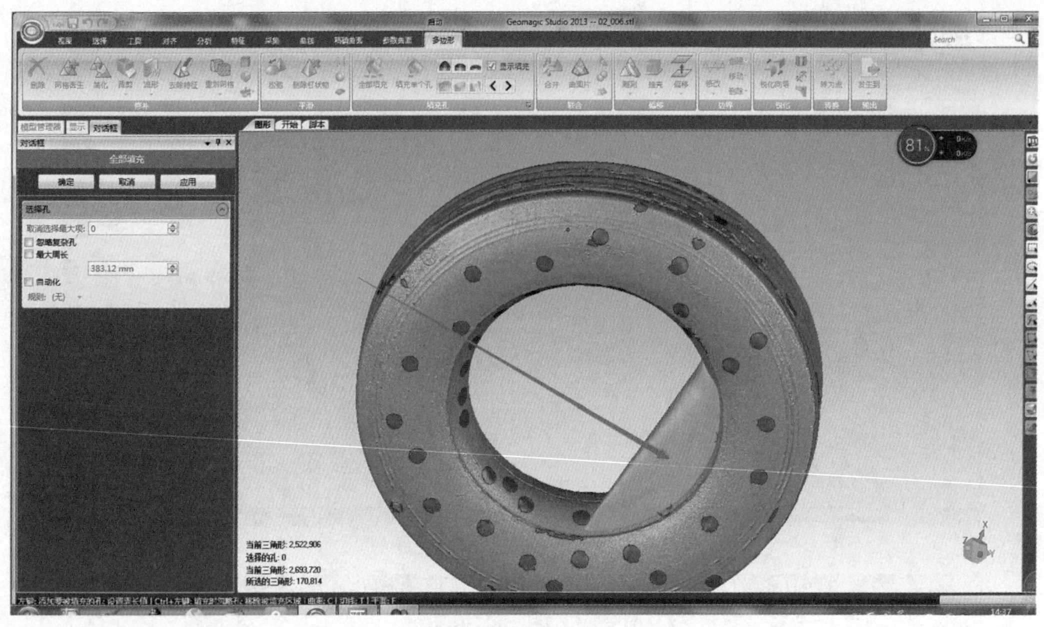

图6-128 补洞界面

具框选删除错误面，对于错误面比较多且连在一起的可使用"选择"选项中的"选择组件""有界组件"一次性把连在一起的错误面删掉(注意错误面不能连接在原模型上，如连接先手动删除连接的部分再执行命令)，如图 6-129 所示。删除错误面之后，点击原模型任意一处，依次执行"选择""选择组件""有界组件"再右击视图，在快捷菜单中选择"反转选取"，删除掉不容易发现或是不容易选择删除的错误面，结果如图 6-130 所示。图 6-131 所示为补洞操作完成后的模型。

步骤7 去除特征。补完洞的模型依然会存在坑坑洼洼。这是由于标志点对扫描仪的影响产生的。可以在"可见"选择模式下框选所需要去除特征的区域，点击"多边形"选项，再点击"去除特征"，如图 6-132，图 6-133。去除特征之后，对于去除特征失败的区域，可

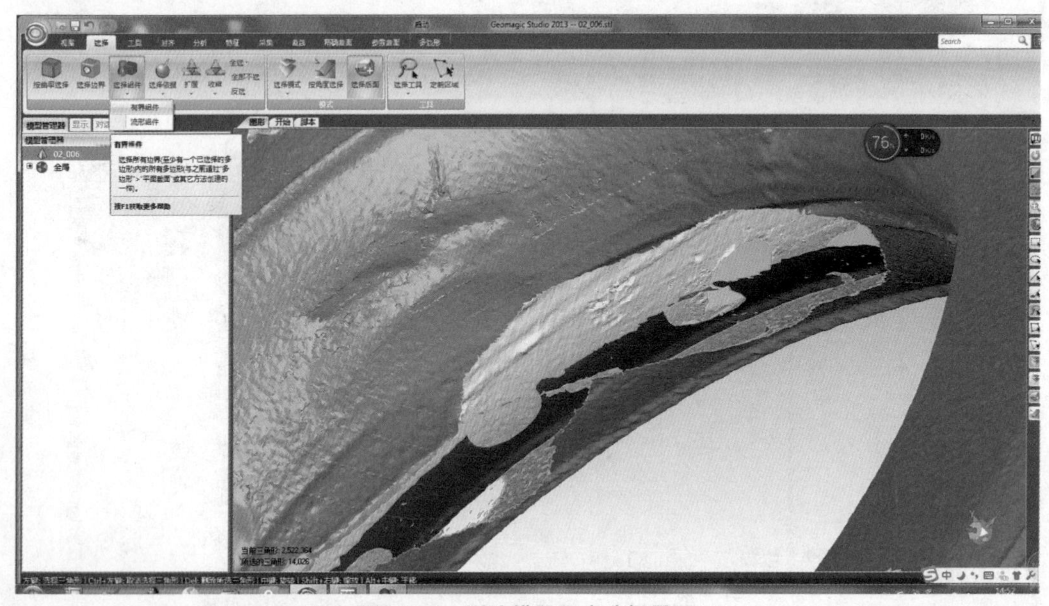

图6-129 删除错误面中选择界面

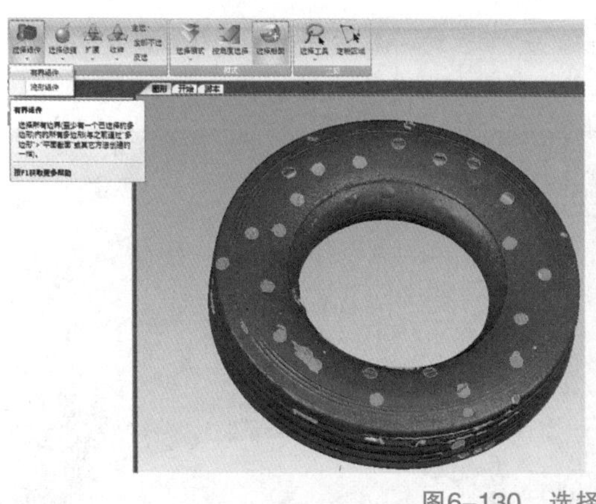
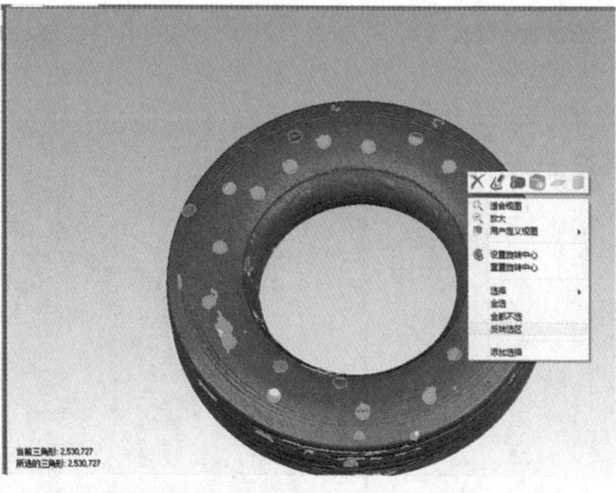

图6–130　选择有界组件的模型

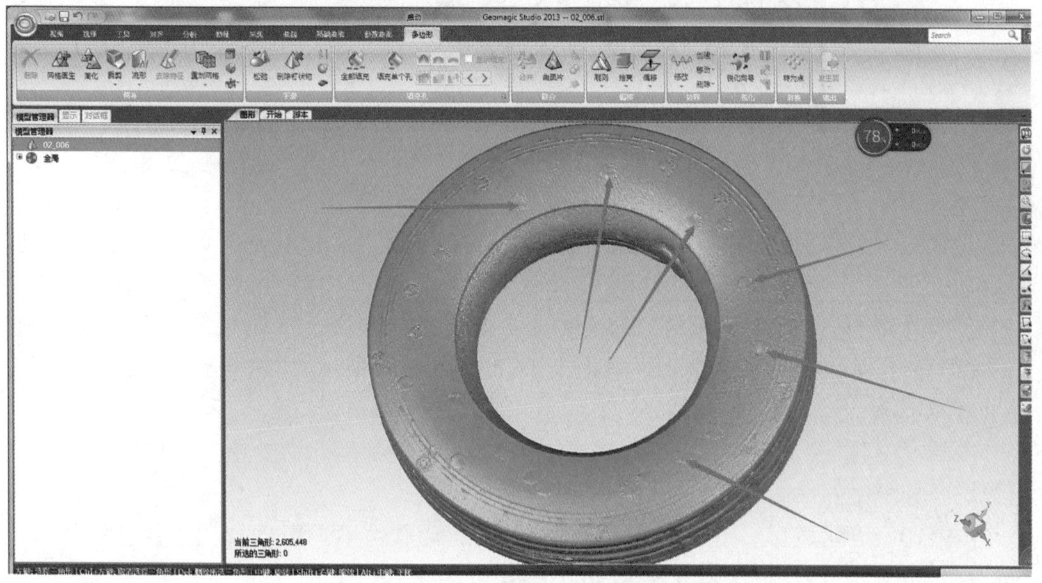

图6–131　补洞完成后的模型

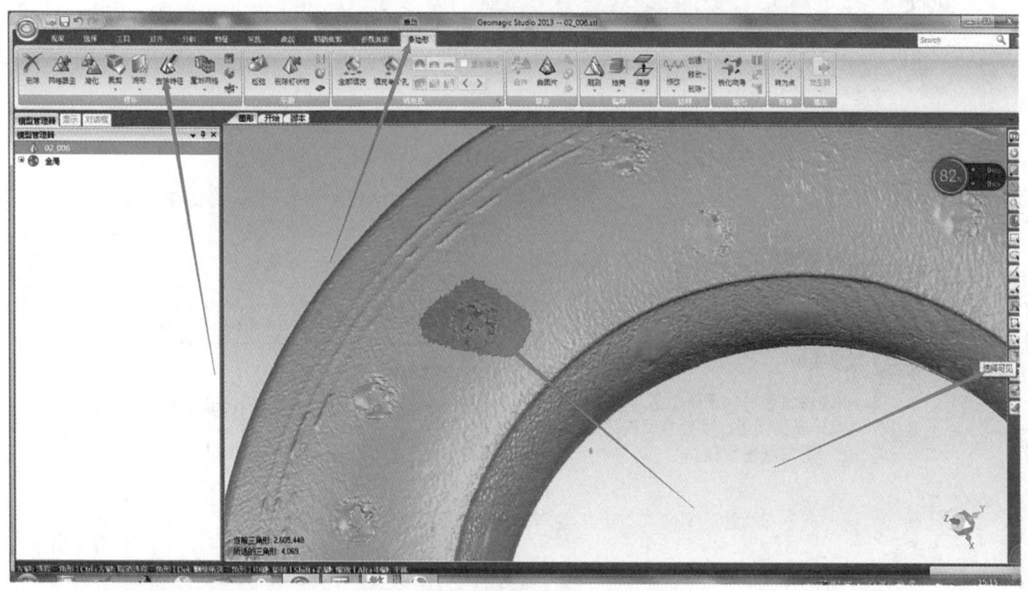

图6–132　去除特征操作界面

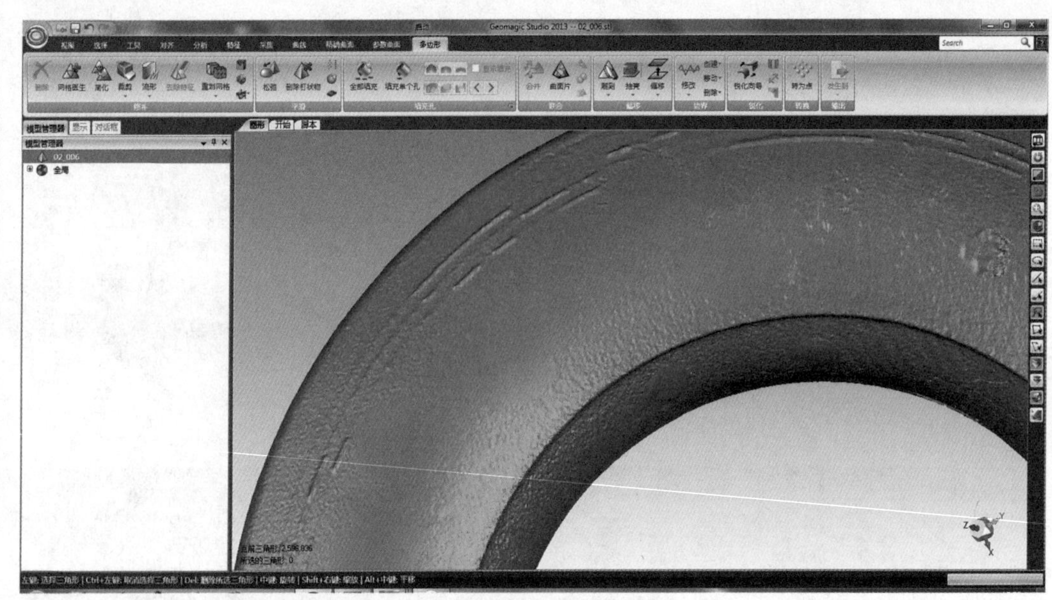

图6-133　去除特征完成界面

以选择先删除面再执行补洞命令。

步骤8　光滑处理。使用“多边形”选项中的“减少噪音”和“快速光顺”命令使模型变得更加光滑，命令标识如图 6-134 所示。此外，“平滑”选项中还有“松弛”“删除钉状物”“砂纸”等命令，如图 6-135 所示。前两种命令要比后几种命令更加保守快速，依情况使用。减少噪音，可以拖动平滑度水平的进度条，如图 6-136 所示。快速光顺效果如图 6-137 所示。

步骤9　网格医生检查。模型处理完成的时候，一般都用此命令检查模型。此命令可以智能处理模型的缺陷，如图 6-138 所示。

步骤10　简化模型。模型的三角面过多，3D 打印软件不识别，可点击“多边形”选项，再点击“简化”，把百分比从 100 改为 10，如图 6-139 和图 6-140 所示。

步骤11　导出模型为 3D 打印软件 Cura 所需要的 STL 格式。点击“另存为”选择存储为 STL(binary)格式文件，选择保存位置后单击“保存”按钮，如图 6-141 所示。将转换好的 STL 格式文件拖入 Cura 软件中进行 3D 打印参数设置，如图 6-142 所示。

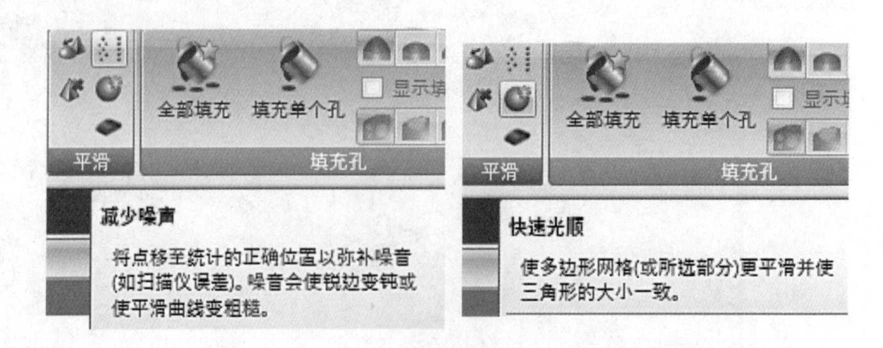

图6-134　“减少噪声”和“快速光顺”命令标识

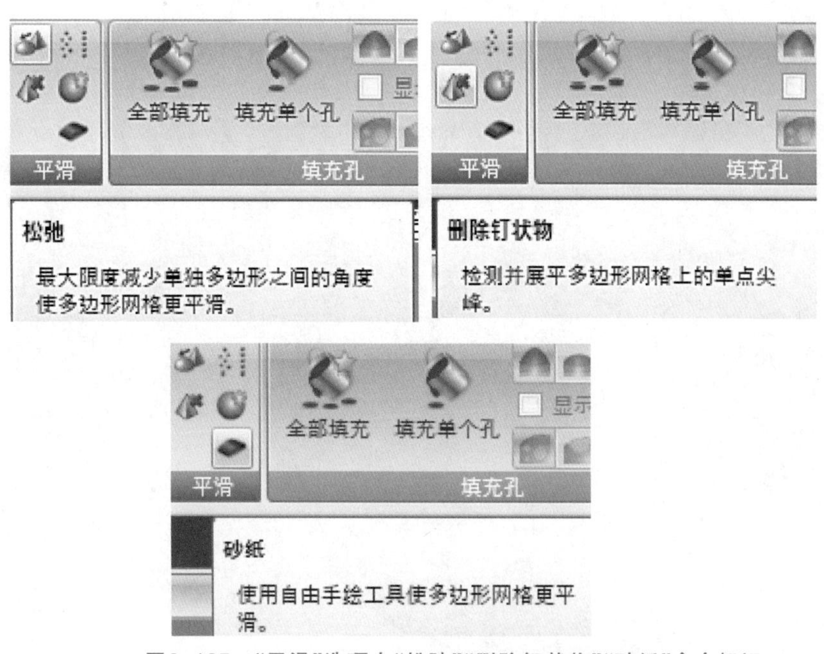

图6-135 “平滑”选项中“松弛”“删除钉状物”“砂纸”命令标识

图6-136 减少噪声界面

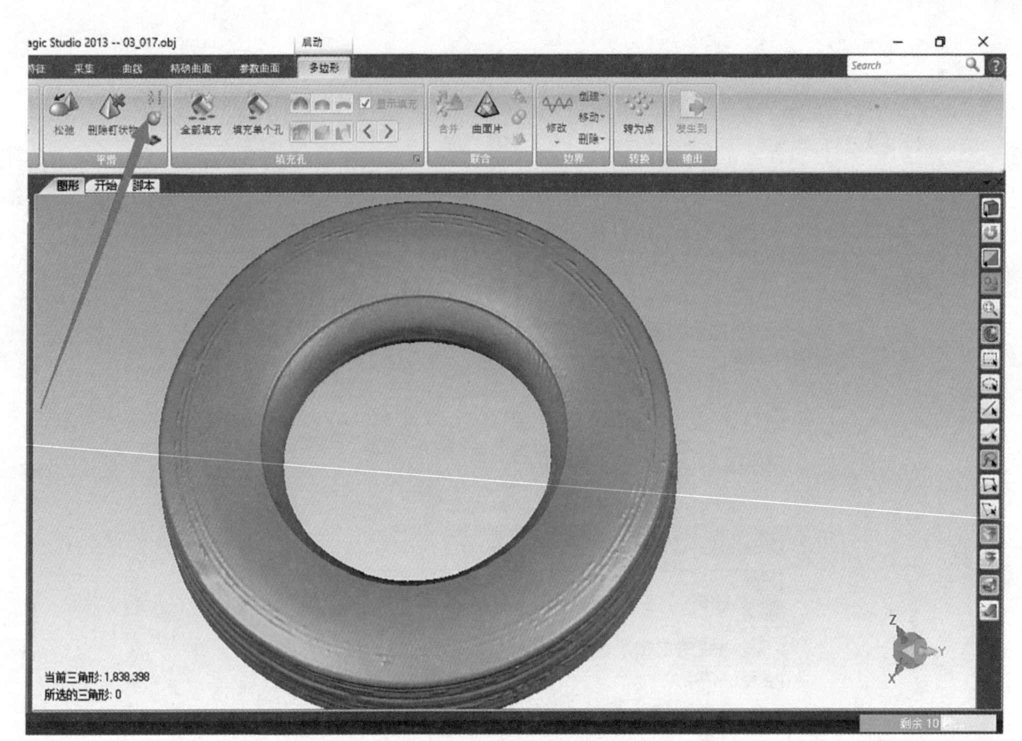

图6–137　快速光顺界面

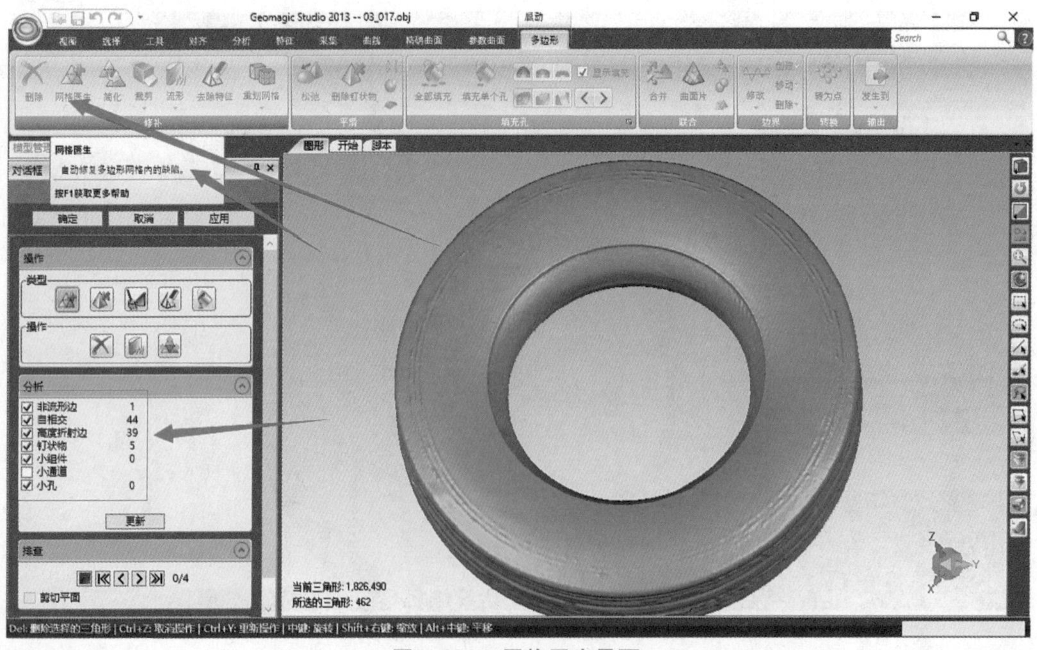

图6–138　网格医生界面

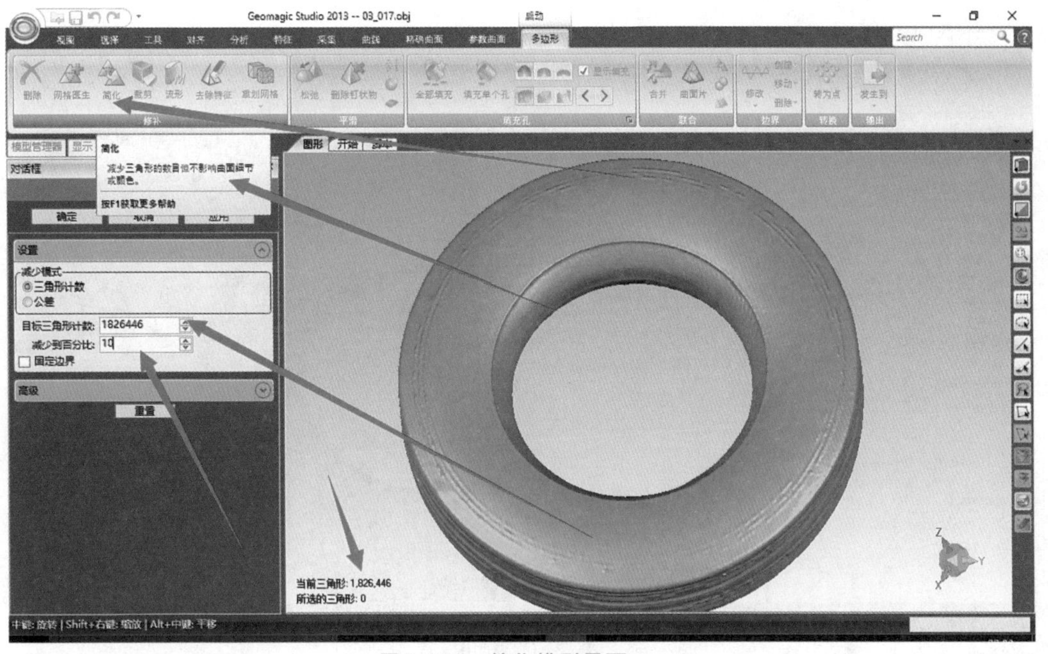

图6-139　简化模型界面

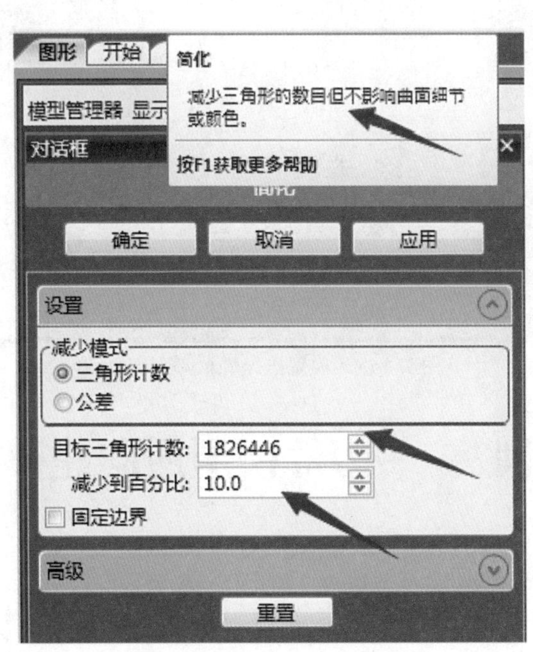

图6-140　简化模型界面设置

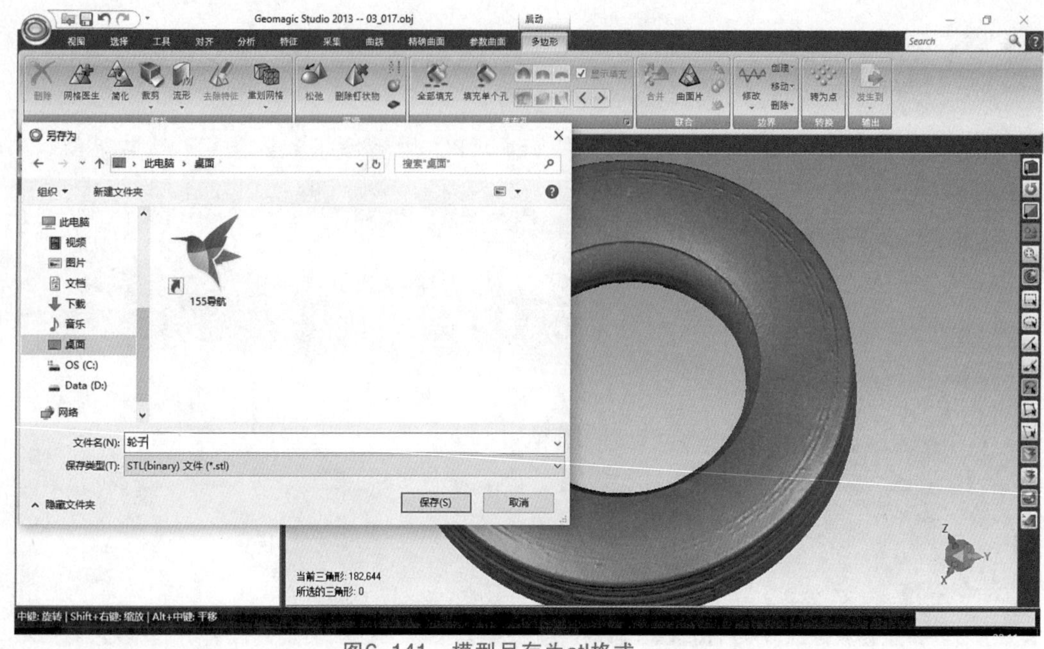

图6-141　模型另存为stl格式

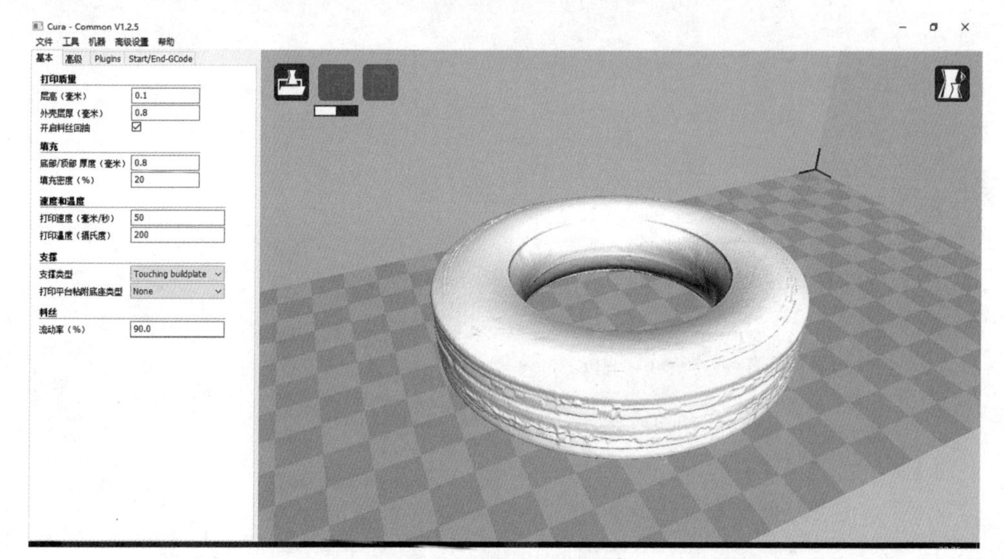

图6-142　模型拖入Cura软件

实训7——铸件模型逆向建模

实训分析

铸件是一个较为复杂的模型，如图 6-143 所示。因此，通过本例让读者掌握复杂模型的逆向三维数字化建模过程及其关键设置。

图6-143　铸件模型

实训目标

- 掌握基本模型的逆向建模方法。

- 掌握复杂模型在 Geomagic Studio 软件中的设置。

操作步骤

步骤1 打开 Geomagic Studio 软件,如图 6-144 所示。

图6-144 Geomagic Studio 2013 工作界面

步骤2 批量导入 AC 点云格式文件,弹出一个小窗口,如图 6-145 所示,单击"确定"按钮,完成 AC 点云格式的导入,如图 6-146 所示。

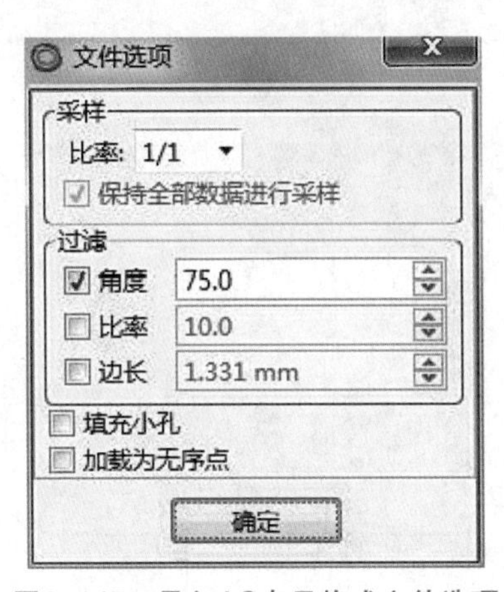

图6-145 导入AC点云格式文件选项

步骤3 全选所有的点云格式文件后,点击工具栏中的"对齐",选择"全局注册"(把模型的特征点对接在一起),如图 6-147 所示。点击"运用",系统处理完成之后点击"确定"。"应用"起预览作用(框选部分一般不用调),在应用过程中按键盘上的 Esc 可以取消命令。

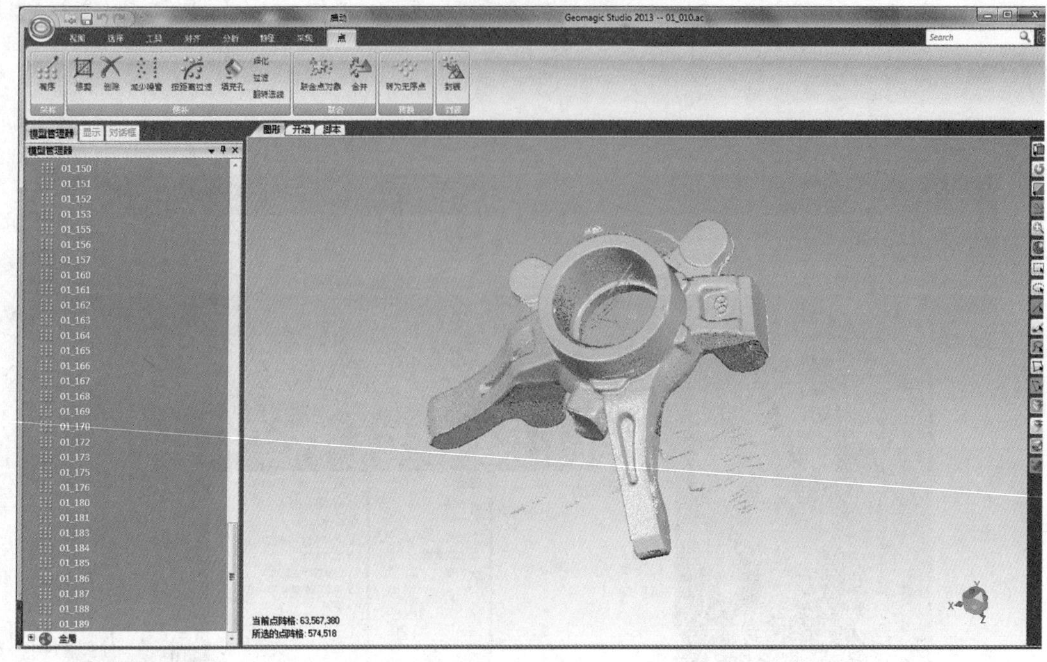

图6–146　拖入点云格式文件的界面

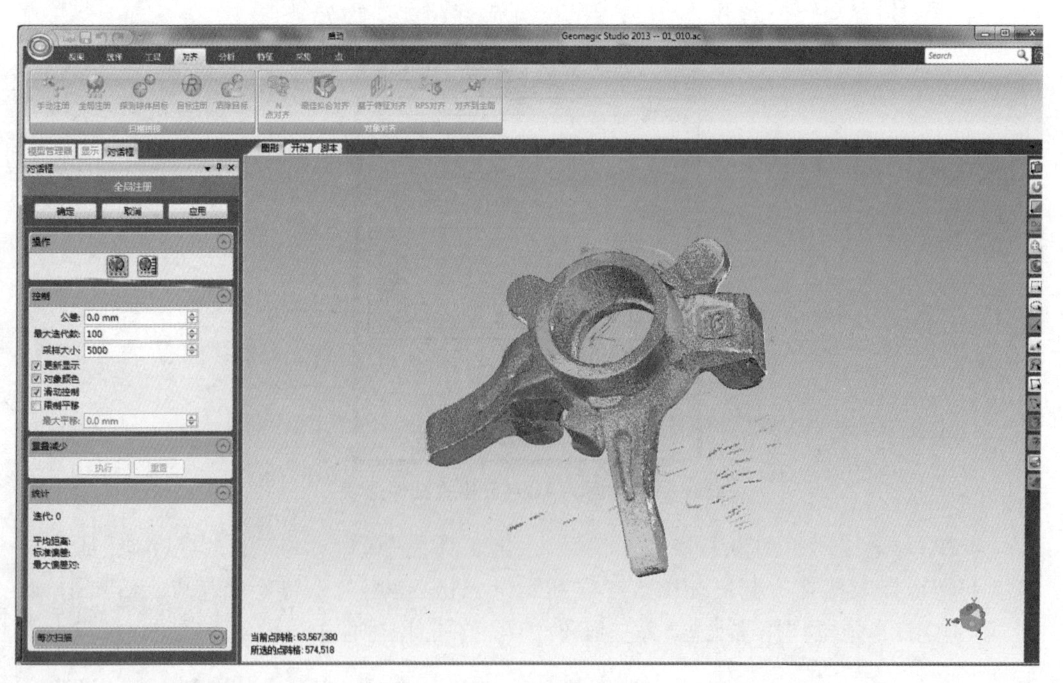

图6–147　全局注册界面

步骤4　点击“点”选项中的“联合点对象”，把全部的点云文件合并成一个点文件，如图 6–148 所示；点击“封装”把点文件转换为多边形文件，结果如图 6–149 所示，封装完成的模型如图 6–150 所示。Geomagic Studio 中很多设置都很人性化，一般不需要改动。

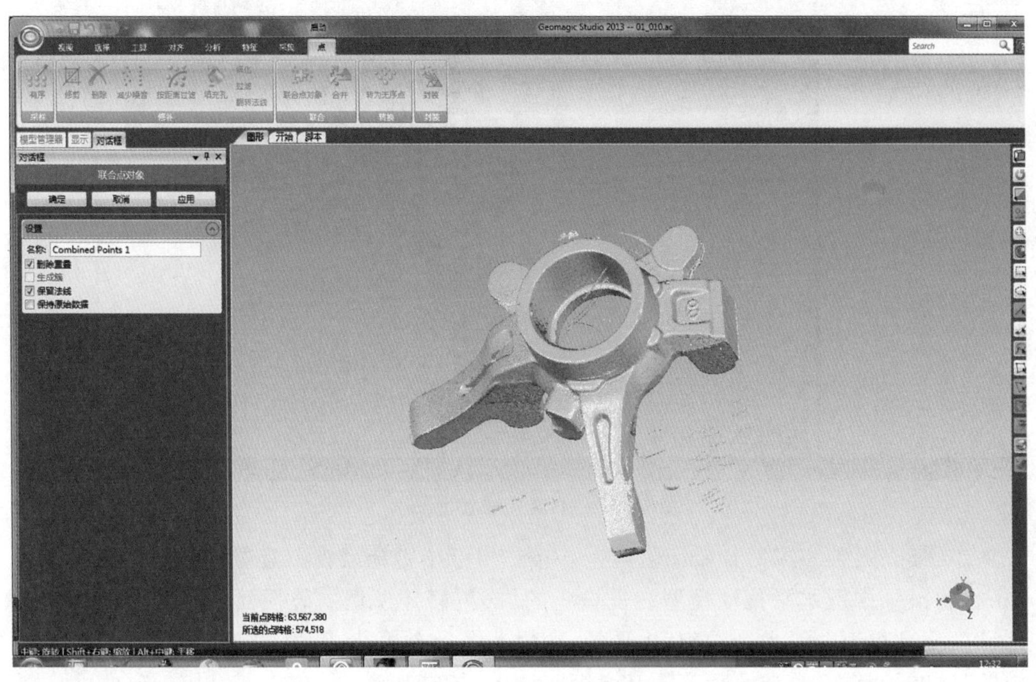

图6–148　联合点对象界面

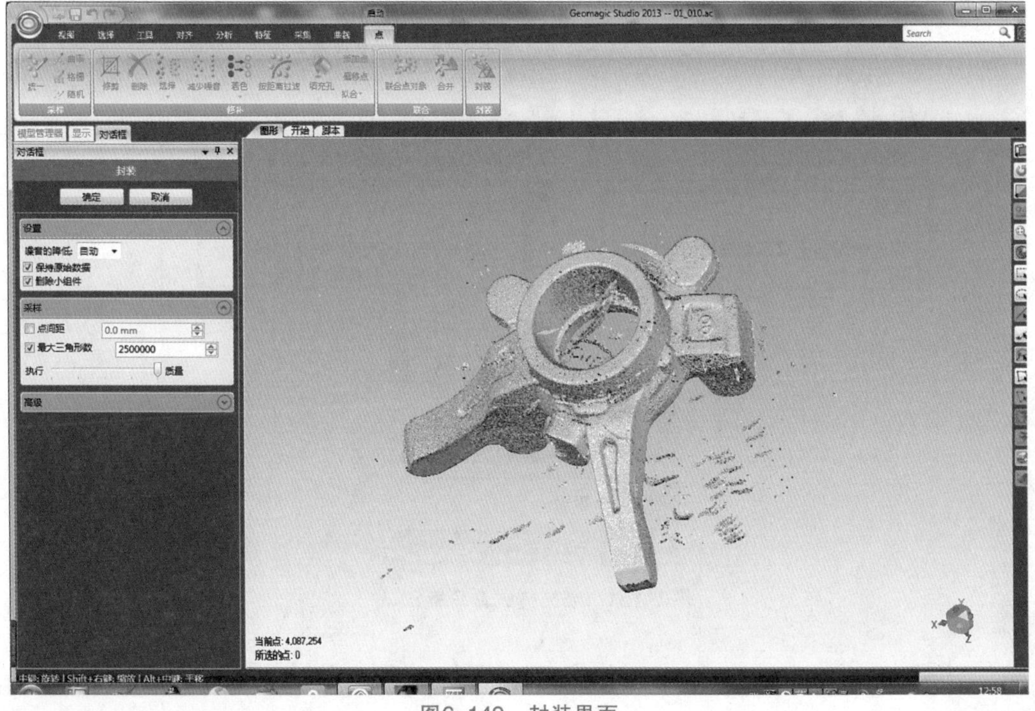

图6–149　封装界面

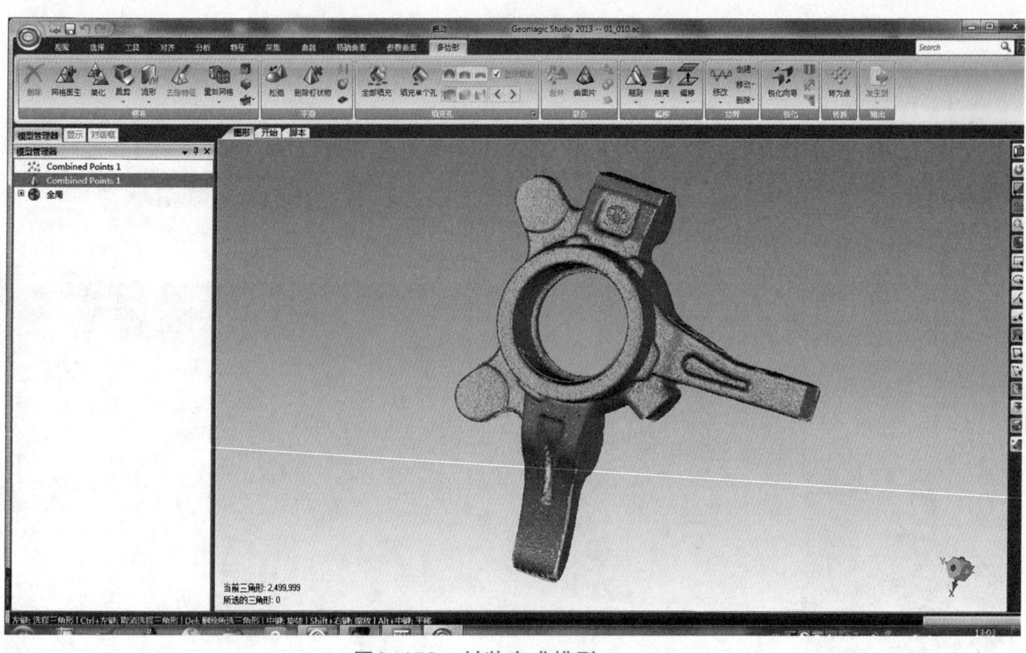

图6-150 封装完成模型

步骤5 封装完成后开始编辑模型。按住鼠标中键拖动视图查看模型各个面；按住Atl键加鼠标中键水平拖动模型在视口中的位置;修补模型的破损面可选择“多边形”选项,有“全部填充”和“单个填充”供选择,这里选择单个填充,因为每一个洞的曲面是不一样的,不能一蹴而就,单个填充下有6个子选项,其中“填充的样式”与“孔的样式”命令标识如图6-151和图6-152所示。如图6-153所示为本例中填充孔位置,填充完成,图中红色部分就是原先破洞的地方。

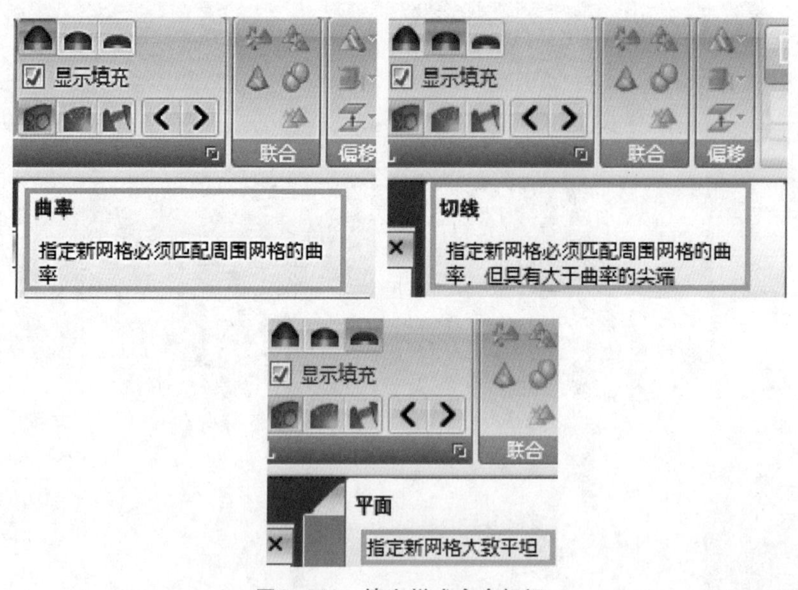

图6-151 填充样式命令标识

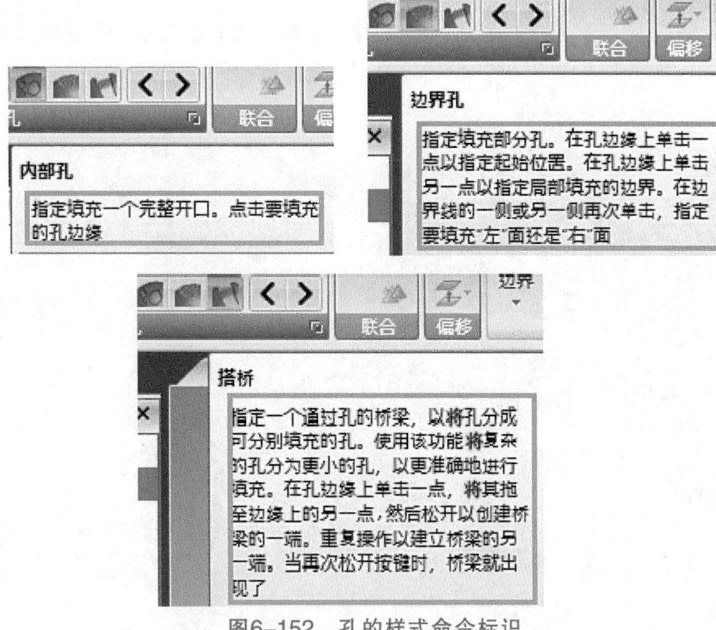

图6–152 孔的样式命令标识

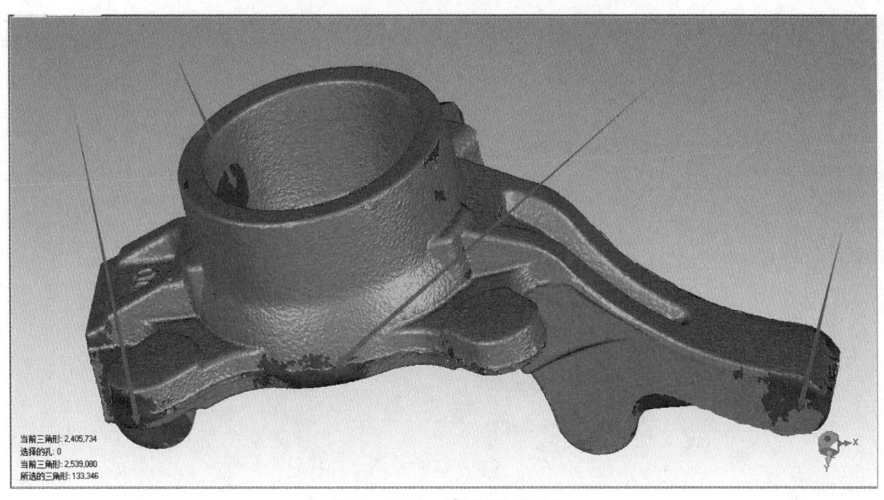

图6–153 填充孔界面

步骤6 网格医生检查。在处理完模型之后，可以用“多边形选项”中的“网格医生”命令来智能检查模型的错误面，点击“确定”自动处理。见图 6–154。

步骤7 对处理好的模型进行光滑处理。点击“多边形选项”，选择“减少噪音”选项，如图 6–155 所示，减少噪音操作结果如图 6–156 所示。接着，执行“快速光顺”命令，把鼠标滚轮往后拖动放大视图，查看模型的光滑程度，如图 6–157 所示。

步骤8 简化模型用于打印。截至上述操作，该模型基本已经处理完成。但是面数过多的模型，Cura 软件是无法很好进行识别的。因此，需要进一步处理。点击“多边形选项”，选择“简化”命令，如图 6–158 所示。绿色箭头所指分别显示的是模型面数的百分比和模型的面数，一般直接改动百分比来达到简化的目的。简化完成，百分比由之前的 100 改为 10，模型面数也由 2 101 620 变为 210 162，如图 6–159 所示。在简化过程中对模型本身没有影响。

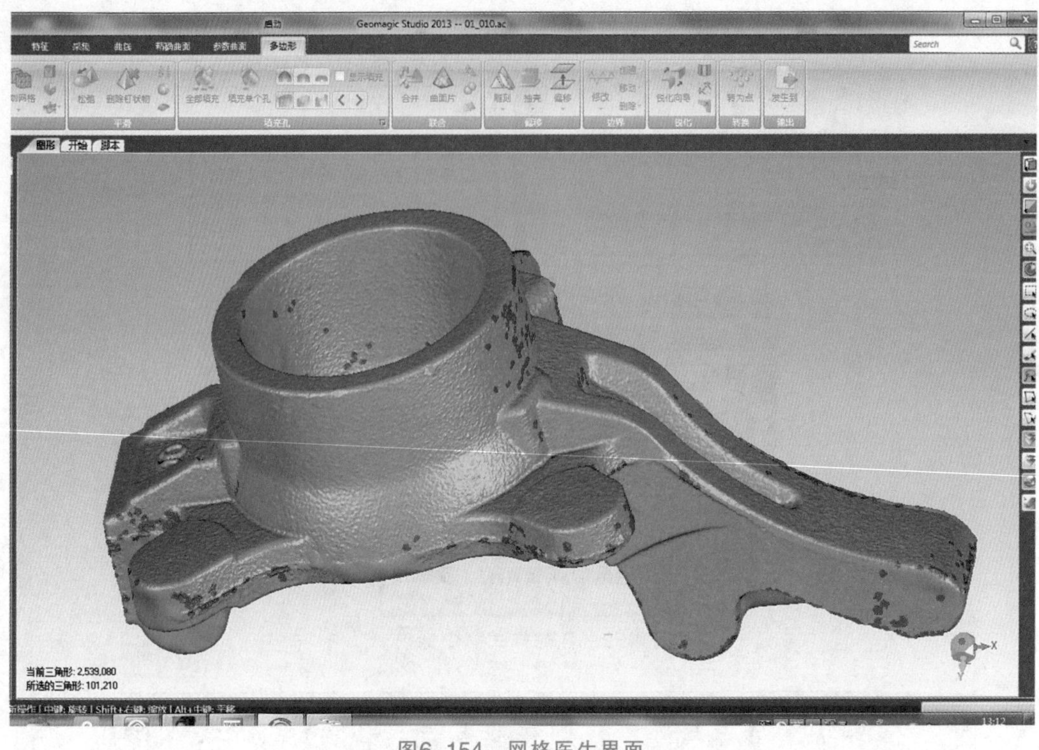

图6–154 网格医生界面

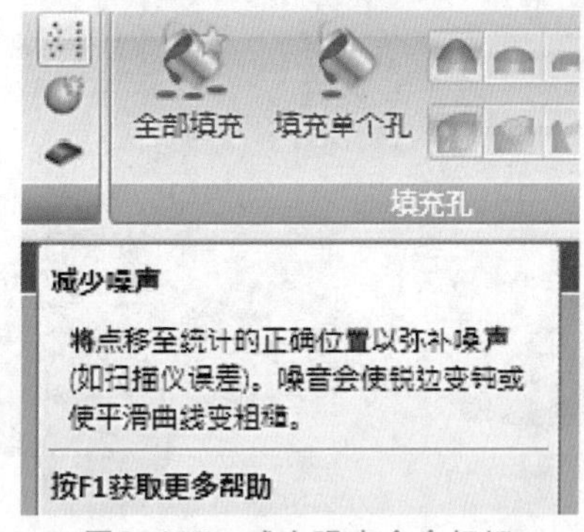

图6–155 减少噪声命令标识

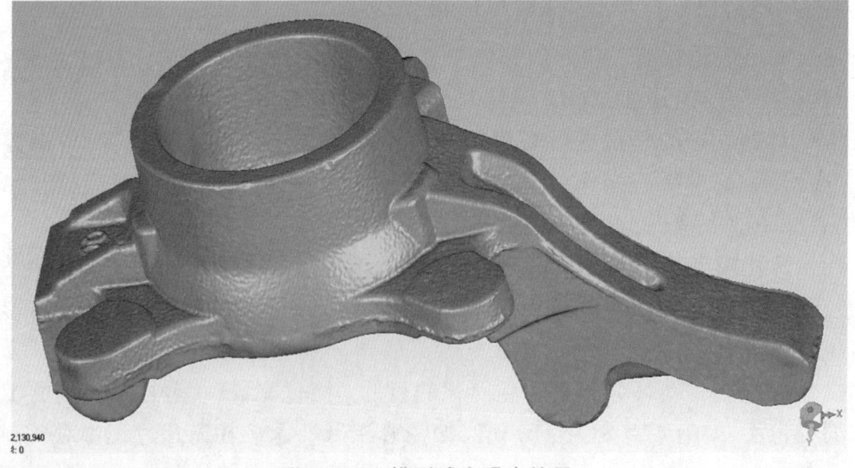

图6–156 模型减少噪声结果

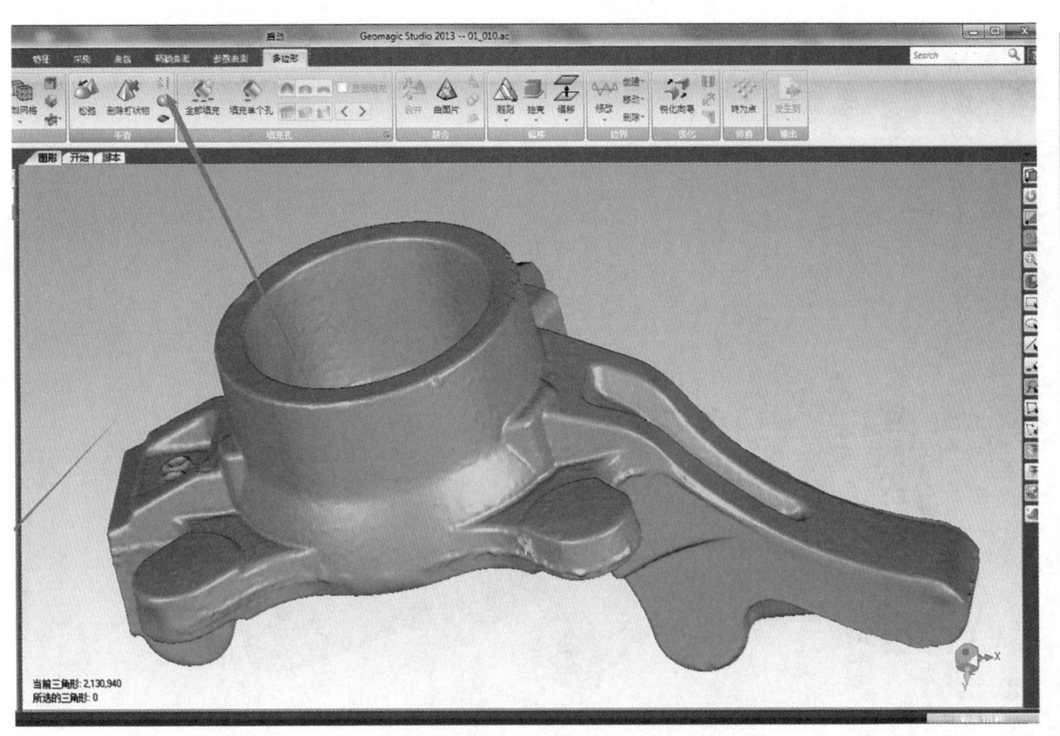
图6-157 快速光顺界面

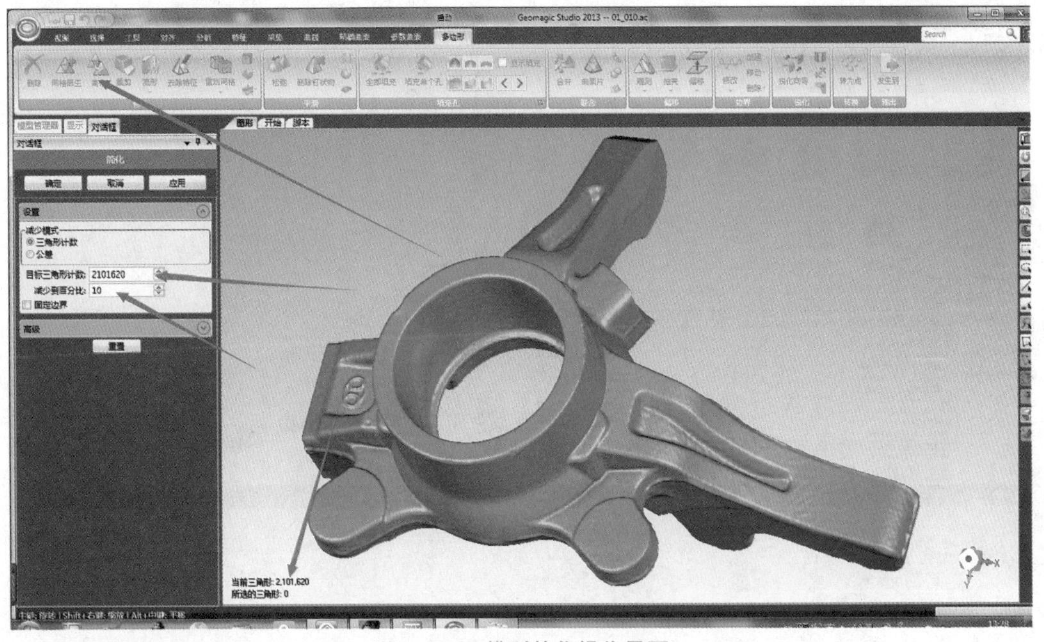
图6-158 模型简化操作界面

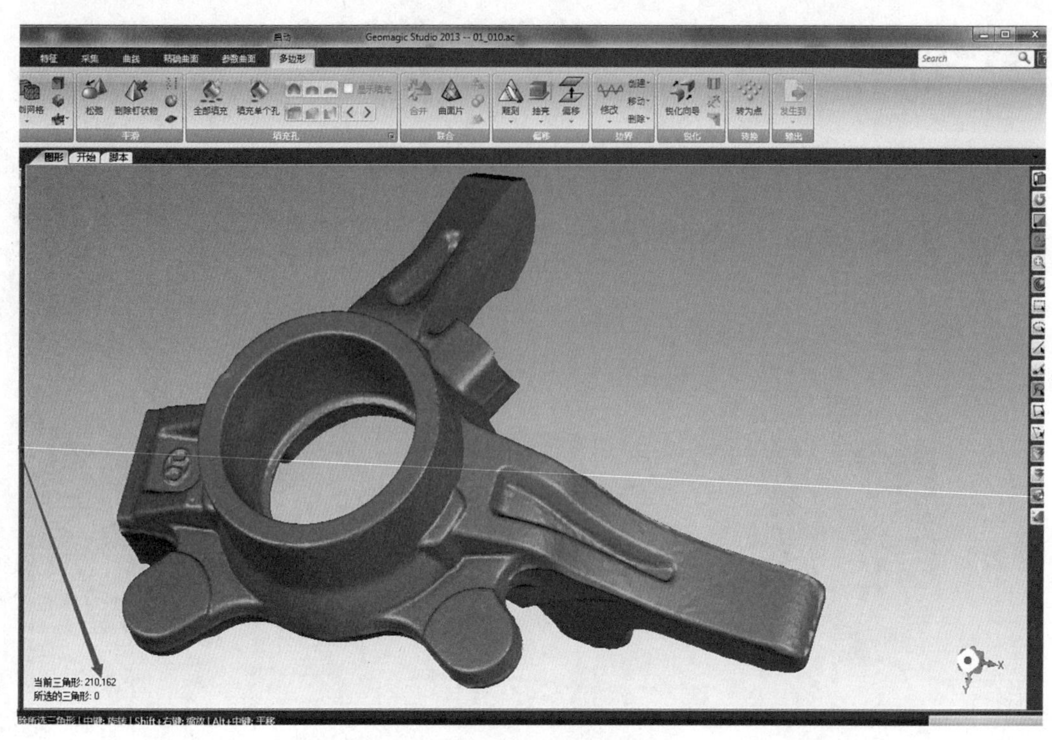

图6-159　模型简化完成界面

步骤9　把模型输出为3D打印所需要的STL格式。如图6-160所示，选择STL(binary)格式保存，然后把转换好的STL格式模型文件拖入Cura软件中切片，用于3D打印参数设置，如图6-161所示，以便后续的3D打印。

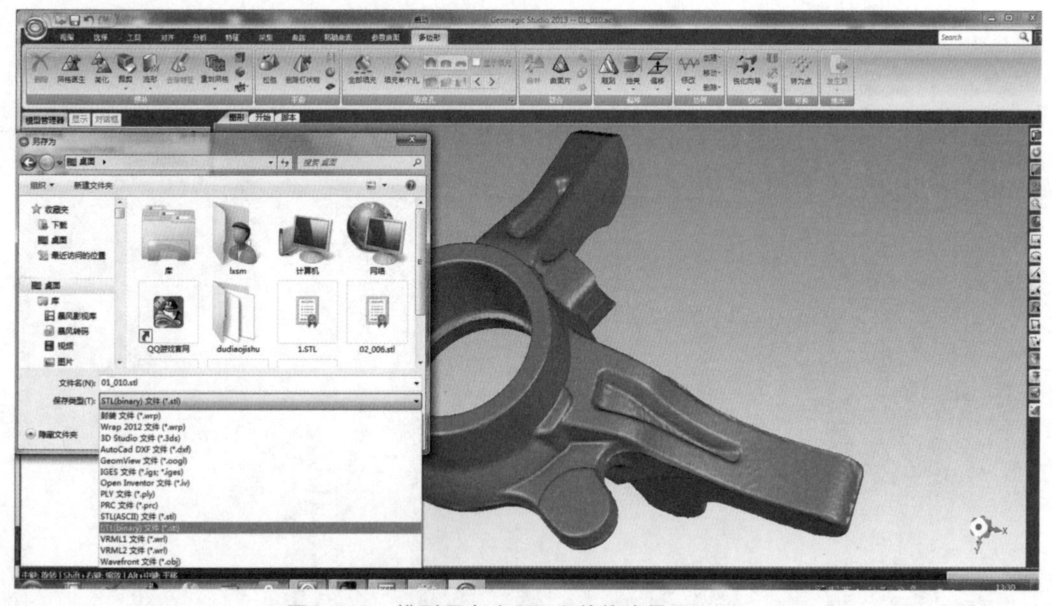

图6-160　模型另存为STL文件格式界面

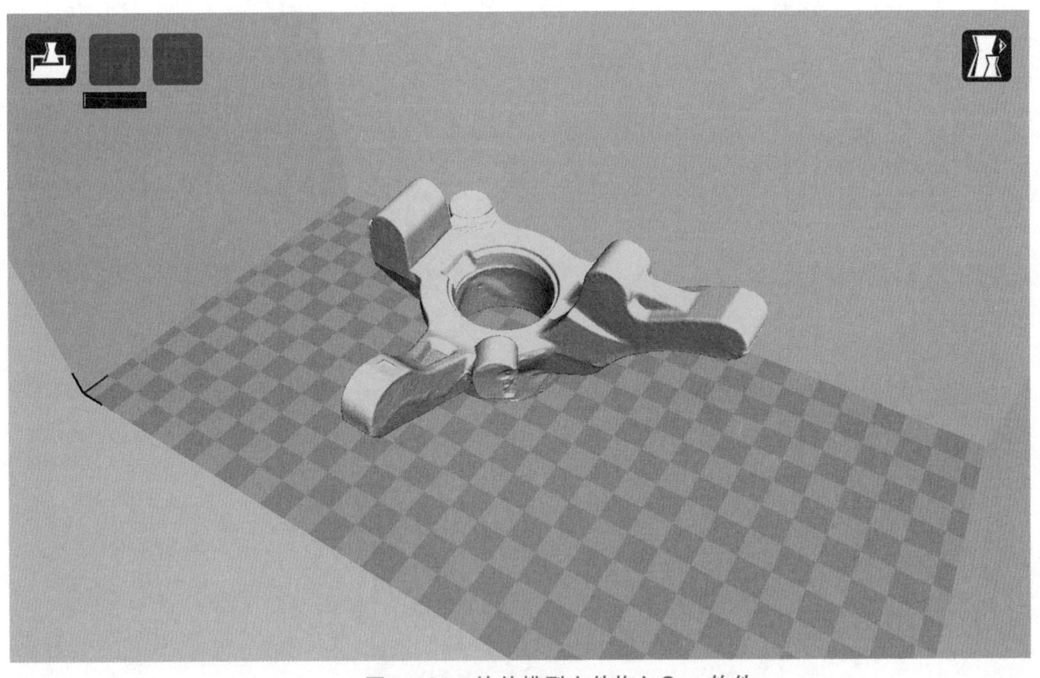

图6-161　铸件模型文件拖入Cura软件